园林工程

质量管控图解

卢红杰　主编

蒋春华　李成忠　编

U0291611

江苏凤凰科学技术出版社

图书在版编目（CIP）数据

园林工程质量管控图解 / 卢红杰主编；蒋春华，李成忠编. -- 南京：江苏凤凰科学技术出版社，2020.4
ISBN 978-7-5713-0995-4

Ⅰ.①园… Ⅱ.①卢… ②蒋… ③李… Ⅲ.①园林 – 工程质量 – 质量控制 – 图解 Ⅳ.①TU986.3-64

中国版本图书馆CIP数据核字(2020)第033547号

园林工程质量管控图解

主　　　编	卢红杰
编　　　者	蒋春华　李成忠
项 目 策 划	凤凰空间/靳　秾
责 任 编 辑	赵　研　刘屹立
特 约 编 辑	石　磊

出 版 发 行	江苏凤凰科学技术出版社
出版社地址	南京市湖南路1号A楼，邮编：210009
出版社网址	http://www.pspress.cn
总 经 销	天津凤凰空间文化传媒有限公司
总经销网址	http://www.ifengspace.cn
印　　　刷	雅迪云印（天津）科技有限公司

开　　　本	710 mm×1000 mm　1 / 16
印　　　张	8
字　　　数	147 000
版　　　次	2020年4月第1版
印　　　次	2020年4月第1次印刷

标 准 书 号	ISBN 978-7-5713-0995-4
定　　　价	59.00元

图书如有印装质量问题，可随时向销售部调换（电话：022-87893668）。

序 用最优标准打造最美风景

　　建设精致城市，打造品质之城，需要系统化、标准化、规范化的建设导则。泰州市园林局卢红杰同志牵头编撰的《园林工程质量管控图解》，就是一本园林绿化行业的施工导则。本书图文并茂，数据翔实，读来让人眼前一亮，我们的城市建设施工与管理太需要这样的导则了。

　　一直以来，园林绿化工程施工管理没有统一的标准规范，景观设计、施工工艺、管理水平参差不齐，纵然引进了好苗子，也出不了好风景。今年，我们先后去连云港、宿迁、绍兴等地调研城市建设工作，体会最深的就是管理的作用。园林绿化施工领域有了这样的导则，也就有了秩序规则，有了管理参照，有了各板块建设一体化的技术指引，这对推动园林绿化事业的高质量发展尤为重要。

　　卢红杰同志长期在园林绿化事业一线工作，具有丰富的园林景观工程施工管理经验，对泰州园林绿化的情况了然于胸。在编撰过程中，卢红杰同志对细节的认真钻研深深地感染了我，几次外出调研，不论走到哪里，都能听到他手机不停的"咔嚓"声。他时刻留意当下的各色园林景观，记录点滴、采撷精华，书中不少图片都是他用手机拍下的，点滴积累终成洋洋大观。我们将"把事当事，一次做好；作甚是甚，精雕细琢；争先领先，尽责担当"作为住建职业精神引领工作，而本书正是住建职业精神的生动体现和现实样板。

　　标准的生命在于执行。无论是方寸之间，抑或是广袤之地，只要精耕细作、精益求精、精雕细琢，都能做出一番事业。希望各相关部门加强对《园林工程质量管控图解》涉及技术规范的宣传、贯彻、督查和考核，各相关单位形成敬畏、运用和维护技术导则的行动自觉，用最优标准打造最美风景，为城乡建设高质量发展提供有力支撑。

泰州市住房和城乡建设局局长

2018 年 6 月

目 录

第 3 章 软质景观施工

后 记

第1章 概 述

园林景观可分为硬质景观和软质景观两部分。硬质景观主要包括地形塑造、园路、广场、园林建筑小品和石景工程，软质景观主要包括理水、植物种植和亮化工程。

本书充分运用实践中的案例图片，从选材、施工工艺、工序等方面，依据相关规范和要求，从感观效果上剖析园林景观工程施工质量的控制重点及常见问题。

1.1 园林工程的独特性

1.1.1 园林工程的定义和特点

根据园林设计方案，运用工程技术和艺术手法，通过改造地形、种植花木、营造建筑、铺设园路等方式发挥园林的特性，创造一个优美的园林景观环境，最大限度地满足人们以游憩、使用、观赏为主要代表的需求，这样的过程，称为园林工程。

园林工程是各造园要素在特定境域的工程技术和艺术创造的结合，相比其他工程，具有以下几个鲜明的特点：

1）艺术性

园林的艺术性，是一种依照美的规律来创造园林环境，崇尚自然意境，使之更自然、更美丽、更符合时代与社会审美要求的艺术创造活动。园林工程是与功能相结合的融会多种艺术于一体的综合性的工程（图 1.1）。

园林工程项目应符合设计要求，达到预期效果，创造优美的景观环境，使游人和管理人员获得良好的使用感受。

园林植物造景　　　　　　　　　　园林景观小品

图 1.1　园林的艺术性

2）风格性

我国传统园林即自然山水园林，是伴随着诗歌、绘画而发展起来的，具有师法自然的艺术特征，充分体现了天人合一的理念，体现了人们顺应自然，以求生存与发展的思想。

我国传统园林在造园技法上是模拟自然而高于自然的，即"虽由人作，宛自天开"。它以人工或半人工的自然山水为骨架，以植物材料为肌肤，在有限的空间里创造无限的风景。同时运用隔景、障景、框景、透景等手法分隔组合空间，形成多样而统一的不同景点，可谓"步移景异，静中有动，动中有静"，自然形成了独特的风格（图1.2）。同样地，从古到今的园林流派，如阿拉伯园林、欧洲园林等，无不自成系统，具有鲜明的风格特征。随着文化上的开放交流，现代的园林可以在风格上有多种选择，但需要讲究风格的一致性，不可进行不伦不类的混搭。

江苏泰州望海楼景区　　　　　　　　广东顺德清晖园

图 1.2　园林的风格性

3）综合性

园林工程包括园林绿化植物、园林建筑小品、道路与广场、山石、水体、景观照明、音响7项主要内容。在进行园林施工时，涉及部门较多，需要协同作业、多方配合，甚至多工种交叉施工，同时，施工过程中还需考虑自然条件如风、雨、高温、严寒等不利因素的影响（图1.3）。

图 1.3　园林的综合性

4）可持续性

建成后的园林是城市的重要绿地资源，它使该区域的环境与自然环境和居民生活环境相融合，使居民能够享受自然的游憩环境，所以后期的维护、保护、修复、提升是园林可持续发展的核心理念（图1.4）。

园林工程所涉及的植物、水体等景观元素，在建成后特别需要持续养护、管理。若因不具备养护条件，或设计建造上有缺陷，或后期植物生长密度增大空间受阻等原因导致难以养护，会直接影响甚至破坏景观效果，所以从设计开始就应当充分考虑。

图 1.4　园林的可持续性

5）生态性

园林工程与生态环境密切相关，建成后对周边环境会产生一定的影响。如果项目能按照生态环境学的理论和要求进行设计与施工，那么建成后不仅不会破坏环境，还能促进生态环境提升。园林绿化植物多样性和群落性的配置，可以改善空气环境，丰富生物多样性，体现出可持续发展的理念（图1.5）。

图 1.5　园林的生态效益

1.1.2　园林景观的构成要素

1）硬质景观

（1）地形

风景园林中地形是骨架，是所有场地活动的基础，它既是一个美学要素，又是一个实用要素。园林的地形首先受场地原有的坡、洼、谷、丘陵等地形的影响，一般要顺其自然，加以利用和改造；其次是受景观需要影响，在场地中设计增加的"小地形"，是营造丰富空间的重要手段（图1.6）。

图 1.6　合理利用和改造地形

（2）建筑

园林建筑是园林的重要组成要素之一，包括亭台楼阁、廊榭牌坊、附属用房等，其结构和外观既要统一协调于园林景观设计的风格，又要满足功能性的需求。主要有两种处理方式：一种是作为景点处理，既是景观，又可以作为观景的场所；另一种是以服务性功能为主，同时与周边的环境协调。总体上，建筑既要满足功能要求，又要迎合园林造景需求，还要与周边环境相融合，布局合理、风格统一（图1.7）。

图 1.7　园林建筑的功能

（3）道路

园林道路有组织、划分园林空间和交通、导游的功能，借助道路功能和面饰材料的变化可以暗示空间性质、景观特点的转换及活动形式的改变，所以园林道路本身既是一种景观元素，又具有一定的功能性（图1.8）。

图 1.8　园林道路的景观作用

（4）广场

园林广场也可以视为园路的放大部分，可作为集会等活动的场所，大体分为交通集散广场和游憩活动广场两类。前者常位于建筑前、道路交叉口或是配合主景设置场地，后者常出现在道路一侧、园林一角（图1.9）。

图 1.9　园林广场

（5）山石

山石包括置石和假山两大类（图 1.10）。它以模仿自然山石的景观效果为主，根据场地情况，可供游客休憩、攀登，或发挥挡土功能（图 1.11）。

图 1.10　置石与假山

山石与水岸线　　　　　　　　　　山石与园路节点

景观石　　　　　　　　　　　　山石与植物

图 1.11　不同区域的山石效果

（6）小品

园林小品是指园林中功能简单、体量小巧、富有情趣、造型别致的构筑物，通常不具有可供游人入内的内部空间。小品在园林中不仅作为实用设施，还作为点缀风景的艺术装饰，如坐凳、桌椅、雕塑、标识、摆饰（图 1.12）。

图 1.12　园林小品

（7）城市家具

信息设施、卫生设施、安全设施、娱乐服务设施、交通设施以及艺术景观设施等城市的各种户外环境设施，都可以称为"城市家具"。城市家具兼具装饰、实用、文化传承功能，不仅能使游人精神愉悦，为游人提供识别、休息、洁净等使用功能，也能作为一种文化传播的媒介，很好地传递文化精神，激起游人的共鸣和对地域的热爱（图 1.13）。

陶冶情操的游憩坐凳　　　　　　　　　传承文化的服务设施

图 1.13　园林城市家具的特色景观

2）软质景观

（1）水体

水体是园林景观的重要组成部分，需要和给排水系统进行有机结合。水体的处理方式灵活多变，如静水、流水、瀑布、跌水、喷泉等，其中水岸线和水面的处理尤为重要。水无常态，水体的大小、形状造就其丰富多彩的形态，各种水池、水塘、湖泊、水道的设计形态决定了水的景观，同时形成了多种多样的水岸形式。但需要特别注意后续的水位、水质等方面的管理，若管理不当，会影响水体景观，污染自然的水生态资源（图 1.14）。

图 1.14 园林中的水景

（2）绿化

植物可起到体现景观效果和调节环境舒适度的重要作用。园林植物除了突出一些单体植物的个性美外，更应关注植物整体在栽植比例、搭配形式、景观色彩和纹理等方面的效果。栽培时要了解每种植物的养护要点，同时为植物留出充足的生长空间（图1.15）。

图 1.15　园林植物景观效果

（3）亮化

园林夜间照明不仅可以提供良好的视觉环境（图 1.16），而且灯具造型及光色的协调可以创造特定的氛围和意境。同时，光的表现力还可以对园林广场、仿古建筑、景观小品、灯光音乐喷泉等进行艺术渲染加工，增加园林艺术的美感（图 1.17）。

图 1.16　园林夜间照明

图 1.17　仿古建筑照明增加园林艺术的美感

1.2 施工准备阶段的质量控制

1.2.1 图纸会审

　　图纸会审是施工单位在正式施工之前进行质量把控的第一个步骤。事先充分阅读和理解图纸，早发现问题早解决，才能保证施工的顺利开展，并获得良好的效果。

　　施工单位在领取图纸后，应由项目负责人组织技术、生产、预算、测量、放样及分包方等相关人员对图纸进行审查，将提出的图纸问题及意见按专业整理、汇总，提交业主及设计单位，做交底准备。

　　业主应组织设计、监理和施工单位相关技术负责人参加图纸会审。设计单位对各专业问题进行交底，施工单位负责将技术交底内容按专业整理、汇总，形成图纸会审记录，各方负责人签字确认（图 1.18）。

图 1.18　工程图纸会审会

图纸会审的重点内容有以下几方面：

①保证施工图的有效性及对施工条件的适应性，保证各专业施工图、详图与施工总图的协调一致性等。

②确定施工总图的放线坐标是否正确，是否能合理指导放线；设计标高是否可行；地基与基础的设计与实际情况是否相符，结构性能如何，地下基础、构筑物及管线之间有无矛盾。

③核实园林建筑、小品、构件、设备等的设计图纸是否齐全，是否符合国家相关规范的规定，详图图纸（局部平面图、立面图、剖面图、结构图、节点大样图等）与总图尺寸是否相符，分尺寸与总尺寸，大、小样图，土建（施工图）与结构图等尺寸是否一致；设计空间有无矛盾，预留孔洞、预埋件、各类连接件、标准配件等的尺寸、标号有无错误。

④结构方案、外装饰等采用新技术时，确定施工单位是否能满足要求。确定特殊建筑材料的品种、规格、数量及专用机械设备能否保证。

⑤确定专业的设备、结构件、电缆及设备基础等是否与设备图、水电图等一致；管道口相对位置、接管规格、材质、坐标、标高是否与设计图纸一致，技术要求是否切实可行。

⑥绿化种植设计所用的植物品种应适应当地条件，植物规格合理，栽种位置适应植物习性，并与周围建筑物、地下管线距离配置合理，种植穴、槽及土壤改良措施满足园林植物生长习性。

1.2.2 现场踏勘

施工前，应组织主要施工人员进行现场踏勘，了解地上、地下作业面的现状情况（图1.19）。

图1.19 现场踏勘，了解现状

①了解土质：确定工程区域特别是绿化种植区域的土壤是否需要换土、进行土壤改良，估计换土量；确定基础是否需要特殊加固，必要时需进行专业检测。

②场地地形：确定场地是否平整，预估其坡度可能造成的影响；确定现状标高与设计标高。

③交通状况：确定交通情况是否方便运输作业车进出。

④水源情况：确定现场给水点、水源、水质、给水压力等。

⑤电源情况：确定接电处、电压及负荷能力。

⑥地下管网、构筑物：确定在施工中需要保护的现状设施、构筑物等。

⑦安全文明施工和其他施工相关的设施：工地生活、办公设施，堆放材料、苗木的临时用地，安全围挡设施等需要根据现场的实际情况进行合理布置，并公示施工现场平面布置图（图 1.20）。

图 1.20　布置施工现场

1.2.3　施工测量放线

施工测量放线包括将地面实物测量所取得的数据绘制在图纸上，以及将设计图纸上的地形、地物等的位置、尺寸、标高测放到地面上。这两类工作贯穿于设计、施工的全过程，因此，测量的精度是工程质量的决定性因素。在施工过程中必须有专业测量人员进行复测（图 1.21）。

图 1.21　专业测量人员复测

1）基准点的复核

工程开工前，建设单位或设计单位应在有监理工程师在场的情况下向施工单位进行现场交桩，提供基准点详细资料。施工单位接到交桩资料后，应对基准点进行复测，书面上报监理工程师审批。待监理工程师批复后，对基准点进行复核，以确保基准点准确无误。基准点作为施工单位测量定线的依据，应在施工期间妥善保护。

2）方格控制网复核

园林工程一般采用方格网来控制整个施工过程和区域，方格网的测量质量对工程尤为重要，应做好复核。复核时应注意方格网主轴线是否符合设计总平面图、主轴线固定标桩是否符合规范要求、方格网的密度是否能满足设计和施工的要求等问题。

3）自然地形放线的复核

应注意挖方工程和填方工程的边界线是否与设计相吻合，等高线与方格网交叉点桩的数量和高度是否满足要求，挖湖工程的岸形和岸线的定点放线是否准确，是否能保持自然放坡的稳定（图 1.22）。

图 1.22 岸形、岸线和岸坡的自然与稳定

4）高程测量的控制

应注意高程控制网是否能满足设计和施工的要求，相对标高参照点的引测质量是否符合设计要求，引测点的位置是否便于监控、牢固稳定。高程引测的闭合误差值应符合设计要求。

5）园林建筑、构筑物、主干园路工程的测量及复核

包括对建筑、构筑物的定位、基础施工进行测量，对主干园路中线及各道路纵、横断面进行检测，对主干园路进行高程检测。

6）地下管线工程测量及复核

包括对给排水管网、电路的定位测量，对管线交会点的高程检测。

1.2.4 技术交底

工程开工前，应针对各项施工内容进行技术交底，由项目技术负责人主持，主要施工人员及监理代表等参与。交底包括设计图纸要求、工艺做法、施工方案，施工中的做法和应注意的关键部位，新技术、新材料、新设备的操作规程和技术规定，进度要求、工序搭接、施工分工等情况，相关工程质量标准和安全技术措施（图1.23）。

图 1.23 图纸技术交底

第2章 硬质景观施工

2.1 园林绿化土方工程

2.1.1 土方回填与地形塑造

1）土方工程施工总体要求

①防止积水：地形要有利于排水，同时也要考虑排水对地形坡面稳定性的影响，进行有目的的护坡、护岸处理。

②基础处理：应在需要铺设园路、建造建筑和构筑物基础的位置，尤其是在坡地上，对地形进行整平改造。

③绿化种植用土：在需要栽种植物的区域，当土质不适宜栽种时，需采取过筛、增加肥力、局部换土、排盐等相应的土壤改良措施来改善种植条件，创造出适宜的种植环境（图2.1）。

图2.1 施加基肥、回填土必须满足种植要求

④ 塑造地形景观：为形成空间变化和景观趣味，挖湖堆山，增大高差，需要根据原地形合理设计，平衡调配土方量，控制土方量（图2.2）。

图2.2 塑造地形景观

2）土方工程的内容

（1）地下管线土方开挖与回填整平

地下管线施工需将线路范围内的沟、坑、坝、坡等整平到符合施工要求。整平宽度为线路左边至少 6 m 内、右边至少 2 m 内。整平最低处埋深不小于 0.7 m，田间管线路最高处埋深不大于 2 m，集水管线路最高处埋深不大于 3 m。整平最大坡度不能超过 15°。应在开沟埋管线施工之前完成整平工作。

（2）挖湖工程

挖湖时应根据施工现场实际情况，采取相应措施进行地面障碍物的清理。

①挖沟排水：当地下水位较高时，需挖沟排水，排水沟的深度应大于水体挖深。为了更好地排水，排水沟的纵坡不应小于 0.2%，沟的边坡为 1 : 1.5，沟底宽及沟深不小于 50 cm，利用水泵排水。沟要一次挖到底，一侧出土。

②定点放线：应按照人工湖施工范围，放好湖体边界线及施工标高。用经纬仪或全站仪在地面上依照施工图确定人工湖的各特征点的位置，在各点钉上木桩。然后将各点用白灰连接，即为边界线。在边界线的内部，还要再打上一定数量、具有一定密度的基底标高木桩，使用水准仪，利用附近水准点的已知高程，根据设计给定的水体基底标高，在木桩上进行测设，画线标明开挖深度。在挖土施工中，尽量不要破坏各桩点，可以在各桩点处留出土台，待人工湖开挖接近完成时，再将此土台挖掉。

③运土：应根据施工现场实际情况，选择好运土路线，明确卸土准确位置，最好将土运至待堆筑的土山附近，便于日后的土山施工。

④压土：湖底土层需整平压实。如果不做混凝土面层，可选用黏质土，每层铺土厚度 20 ~ 50 cm。

（3）堆坡造型

堆坡造型是根据园林绿地的总体规划要求，对现场的地面进行填、挖、堆筑等操作，营造出一个能够适应项目建设、更有利于植物生长的地形。对于园林建筑物、园林小品的用地，要因地制宜，尽量整理成局部平地的地形，便于基础的开挖；对于堆土造景，可以回填土方或填充建筑硬块整理成高于原地形标高的地块，所涉及的园路、广场的基层必须进行夯实处理；绿化种植用地表面土层厚度必须满足植物栽植要求；土质必须符合种植土要求，严禁将场地内的建筑垃圾及有毒、有害的材料填筑在绿化种植地块。

地形造型应自然顺畅，回填土壤应分层适度夯实或自然沉降达到基本稳定，地形造型的范围，回填土的厚度、标高、造型及坡度均应符合设计要求（图2.3）。

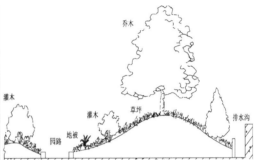

图 2.3　地形造型应自然顺畅

2.1.2　土方工程施工

1）土方开挖质量要求

土方开挖前应检查定位放线、排水和降低地下水位系统，合理安排土方运输车的路线及弃土场。基底土性质需符合设计要求。观察、检查或分析土样，通常请勘察、设计、监理单位共同检验，形成验收记录。

施工过程中应检查平面位置、基底的宽度和长度、水平标高、边坡坡度、压实度、排水和降低地下水位系统，并随时观测周围的环境变化（图2.4）。

图 2.4　开挖沟槽、基底的复测与验收

施工完成后应进行验槽，形成施工记录及检验报告，并对记录和报告进行检查。

2）土方回填质量要求

土方回填前应清除基底的垃圾、树根等杂物，抽除坑穴积水、淤泥，验收基底标高。若在耕植土或松土上填方，应在基底压实后再进行。填方土料应按设计要求验收后再填入（图2.5）。

图2.5　土方回填压实，坡线自然

填方施工过程中应检查排水措施、每层填筑厚度、含水量控制、压实程度。填筑厚度及压实遍数应根据土质、压实系数及所用机具确定。填方施工结束后，应检查标高、边坡坡度、压实程度等项目（图2.6）。

图2.6　坡度、平整度要满足自然排水的要求

3）基础处理的质量要求

基底的土质应符合设计要求，高填方部分通过分层碾压密实、水夯、部分换填、增加松木桩、双向布置钢筋等方式增加地基的承载力，使基底强度达到设计要求的承载强度。

2.2 园路与广场铺装工程

2.2.1 园路

1）园路的分类

园路按使用功能分为主干道、次干道、游步道、小径、汀步和专用道。

园路按面层材料分为整体路面、块料路面、颗粒路面、简易路面、特色路面（图2.7）。

常见园路路面有混凝土路面、预制砖路面、冰纹和片石路面、卵石路面、混合路面、嵌草铺装路面等。

整体路面

块料路面

颗粒路面

特色路面

图 2.7　常见园路路面

2）园路的基本要求

①应根据园路是否通车的实际功能要求确定基础和用料。

②园路应该是一个闭合的线路，曲线放线应平滑，视觉效果舒适。

③园路转弯半径应合理，线形圆润、流畅，与广场等合理衔接（图2.8）。

图 2.8 线形圆润、流畅，合理衔接广场

④园路高程应尽量利用原地形，保证路基稳定，减少土方量。

⑤平地上的园路必须有一定的排水坡度，一般为 0.3% ～ 1%，并根据情况设排水沟，防止出现积水。纵坡大于 8% 时应设台阶。

⑥园路的面层材质要符合设计要求。

2.2.2 广场

1）广场的分类

广场一般是指面积较为广阔的场地，是一个可让人们聚集休闲的空间。

广场按功能分为集散广场、交通广场、公共活动广场（图 2.9）、纪念性广场（图 2.10）和商业广场，兼有几种功能的为综合性广场。

2）广场的要求

广场地面一般是坡度为 0.5% ～ 1% 的缓坡地面，以便于排水，防止积水，一般最大坡度不大于 3%。平地有利于游人的活动和人流集散。广场铺装面积大，视觉效果明显，通常会进行较复杂、有一定变化的铺装设计，应特别强调选材和铺设的质量。

泰州天德湖公园广场景观　　　　　　　　泰州老街

图 2.9　公共活动广场

梅兰芳公园　　　　　　　　　　　　　治水广场

图 2.10　纪念性广场

　　广场空间开敞，一般作为景观节点，应注重将绿化、建筑、雕塑、喷泉、小品、人工照明、音响等元素有机结合，创造出富有人性化魅力的活动空间（图 2.11）。

图 2.11　与景观相融合的活动空间

2.2.3 铺装基础处理

1）常见质量问题

园路或广场沉降不均匀，会引起地面断裂、塌陷（图 2.12）。原因有：路基填筑前，未清理基层杂物或未压实土壤；未进行分层填筑；路基各层压实和厚度不符合要求，压实度不足；软土路基未经过处理，或处理后预留沉降时间短，未完全沉降。

图 2.12　圆路、广场地面断裂、塌陷

2）施工要求

①基层施工前，应完成与基层有关的电气管线、给排水管线及预埋件等设备的安装施工，基层的两侧应比面层宽。

②混凝土施工时，其下层的表层应湿润且无积水。

③混凝土施工时，其厚度应符合设计要求，并应符合国家和地方标准。

④混凝土基层采用粗骨料的最大粒径不应大于基层厚度的 2/3，含泥量不应大于 2%；砂应为中砂，含泥量不应大于 3%。

⑤混凝土基层的强度应符合设计要求，且不低于 C15（混凝土的抗压强度标准值为 15N/mm^2）。

⑥大面积混凝土基层铺设时，应注意及时设置伸缩缝（道路每延长 6 m，广场每间隔 6~8 m），伸缩缝应垂直，缝内不得有杂物（图 2.13）。

图 2.13　分界线与伸缩缝的设置

2.2.4　石材、砖铺装

1) 结构和工序

（1）铺装的结构组成

①石材、砖铺装结构（图2.14）：面层、结合层、基层、路基（加强路基及基层）。

②路基：土基、三合土基。

③附属工程：道牙（路肩）、雨水井、台阶（礓磋、蹬道）、种植池等。

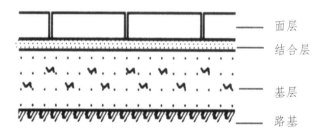

2.14　园路的路面结构

（2）工序

园路施工要兼顾使用功能、观赏要求，要控制好施工面的高程和排水坡度，园路路基、基层和面层处理要达到设计要求的牢固性和稳定性，也需注意铺装材料的选择以及对于铺缝的处理。具体施工程序为：用地整理→测量放线→路槽开挖→铺筑基层→铺筑结合层→铺筑面层→道牙施工。

注意：根据园路的功能和路面材料不同，可适当调整施工顺序，如道牙施工可在铺筑面层之前进行。

2）材料控制

（1）材料处理

①选材：从源头上对材料进行筛选，同种材料选购同一批次，避免产生色差等问题。

②定样：将材料样板提前送交监理方、设计方、建设方共同确认，并封样备查（图2.15）。

图 2.15 材料提前送样，确认并封样备查

③加工：由石材加工人员在石材切割前进行质量控制。切割工人对工程板进行再次筛选，挑选品质好、色差小的毛板进行加工。

④运输：由供货商对存放、装卸过程进行运输过程控制。此过程中需避免不同色度的石材混杂在一起被搬运到施工现场。

⑤铺贴：由铺装工人在现场施工时进行铺贴质量控制，分拣掉质量低、色差大的材料，最大限度地控制材料的色差，保证铺装的品质。

（2）常见石材

①花岗岩：同一区段应采用同一批次且耐磨耐酸、色泽均匀不偏色的花岗岩，面层处理一致，纹理排布均匀，整体自然无偏差。主要品种及要求如下（图2.16）：

芝麻白：黑色占比 20%~30%，色泽均匀不偏色，整体灰白色。

芝麻灰：黑色占比 30%~50%，色泽均匀不偏色，整体中灰色。

芝麻黑：黑色占比 50%~80%，色泽均匀不偏色，整体深灰色。

中国黑：黑色占比 50%~80%，色泽均匀不偏色，整体深灰偏黑色。

黄锈石：麻点均匀，颜色变化不突兀。

枫叶红、石岛红、樱花红：花纹均匀，颜色一致，不偏色。

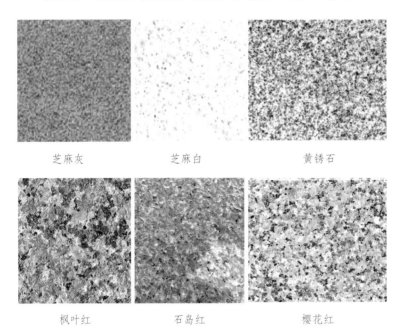

芝麻灰　　　　　　　　芝麻白　　　　　　　　黄锈石

枫叶红　　　　　　　　石岛红　　　　　　　　樱花红

图 2.16　花岗岩主要品种

注意：花岗岩的色泽效果因不同的产地、面层处理方式及光照条件导致视觉差异较大，图片仅供参考，务必由设计方确认样板后才可进行施工。

面层处理类型及要求如下（图 2.17）：

光面：抛光观感好，表面光滑无起伏无偏差，不防滑，忌用于步行铺装。

拉丝面：拉丝间距及深度应经过设计方确认，其防滑性较差。

机切面：机切部分平整光滑，具磨砂质感。

烧面：铺装常用，表面起伏均匀，无色差。

龙眼面、荔枝面、菠萝面：表面粗糙，以凹凸颗粒的大小不同分为这三个品种，常用于装饰性的石材表面，要求表面纹理均匀自然，无色差。

自然面：表面起伏厚度范围应符合图纸设计。

图 2.17 主要面层处理类型

②火山岩：火山岩孔径应均匀紧致，不偏色（图 2.18）。

图 2.18 火山岩铺装样例

③板岩：具自然石材质感，不应过度泛黄发黑（图 2.19）。

图 2.19 板岩铺装样例

④砖材：砖料品种、规格尺寸、外观质量、图案、厚度和强度要符合设计要求，无掉角和缺棱现象，表面清洁，色泽一致，图案清晰（图2.20）。

图2.20　不同形状和色彩的砖材

水泥砖：即预制混凝土砖，包括嵌草砖，是最常见的铺装砖材，可以加工为各种形状和厚度，适用范围广。

烧结砖：指经过焙烧生产的砖材。其中，黏土砖是较传统的建筑材料，以青、红色为主，因生产过程污染较重，现已不提倡使用，可以选择非黏土烧结砖，具有透气、保水等特点。

透水砖：一类新型环保砖材，可透水、环保性强为其最主要特点，规格、颜色多样，在确认样板时应进行透水实验。

3）常见质量问题

①园路或广场曲线转折生硬，视觉效果不佳（图2.21）。转弯半径过小，使用者易踩踏路边草地。

图2.21　曲线转折生硬，视觉效果不佳

②石材、面砖模数与尺度不协调，边角出现碎砖，曲线铺装排布不合理，浪费材料且效果不佳（图 2.22）。

③园路铺设砖纹方向与行进方向不协调（图 2.23）。

图 2.22　曲线铺装排布不合理　　　　图 2.23　砖纹方向不协调

④铺装沉降、碎裂。原因有：基础结构做法不正确或强度不足；面层接缝处防水未做好，雨水下渗和冲刷使垫层流失；伸缩缝未按要求填充；在不宜行车的园路或铺装上行车；铺设各种管线后，回填基础未能进行足够的压实（图 2.24）。

路基未压实　　　　　　　　　　　　路基未加宽

图 2.24　基础结构做法常见问题

4）施工要求

园路具体铺设流程为：施工准备→清理基层→铺装放线→扫浆→摊铺水泥砂浆结合层→预排、试铺→淋浆→铺设板材→割缝、勾缝、清缝→养护→验收。

（1）放线

道路施工必须按设计要求精确放线，保证道路直顺，曲线形交接及转弯处圆滑（图2.25）；放线完成或路缘石、收边带完成后需进行节点验收。

道路线形不顺畅　　　　　　　　　　道路线形符合要求

图 2.25　道路放线

（2）预排、试铺

只允许出现整板或者半板，严禁出现小板、碎板，立面石材需结合平面进行排板（图 2.26）。

未排板　　　　　　　　　　　　　排板后

图 2.26　石材排板试铺

收边板尺寸与大面铺装尺寸有对应关系，转角处收边板不得出现小板，中间段收边板需等分。曲线路缘石必须异型加工，应符合对缝、错缝要求（图 2.27）。

圆弧要顺　　　　　边角排板对缝 1　　　　　边角排板对缝 2

图 2.27　路缘石及收边板排板

弧线形园路不宜采用"工字缝"铺装，可用"丁字缝"铺装。

复杂铺装在正式开始铺贴之前需进行预排。在铺贴过程中，应小范围进行预排并及时调整，以控制对缝、排板、平整度等细节。预排试铺也是控制色差的有效手段，可在预排过程中将色差较大的石材剔除（图 2.28）。

图 2.28　复杂铺装先预排铺贴

（3）平整度控制

相邻石块接缝高低差要求不大于 1 mm，1 m 控制尺测平整度误差控制要求不大于 2 mm。敲击时应使用橡皮锤，尽量避免使用铁锤直接敲击，防止石材破损（图 2.29）。

图 2.29　平整度控制，禁用铁锤直接敲击

（4）直线控制

同一区域石材铺装线条必须挺直（图 2.30）；相邻区域石材有排板对缝关系的，留缝必须在同一直线上，不得错位（图 2.31）。

图 2.30　铺装铺排要保证线条挺直

图 2.31　有对缝关系的，留缝必须在同一直线上

（5）缝宽控制

同一区域同一铺装类型，缝宽误差控制要求不大于 2 mm。需特别注意路缘石、压顶石等大尺寸石材的缝宽误差控制。仅靠拉线无法有效控制缝宽误差，需借助专用工具（图 2.32）。

未借助专用工具　　　　　　　　　　借助专用工具控制缝宽

图 2.32　缝宽控制

（6）勾缝控制

必须使用专用勾缝工具进行操作。勾缝深度必须统一，勾缝剂面层需光滑、无起砂，勾缝后需立即擦净石材，避免多余砂浆凝固（图 2.33）。

不能使用摊铺砂浆填缝的工艺，只允许使用两种填缝工艺：半干砂浆填压密实、奶油袋挤灌砂浆。填缝必须饱满，不得有空腔。石材较厚、缝宽较小的，需多次填缝。

图 2.33　擦净污染砂浆，填缝勾缝饱满

（7）广场拼花、冰裂纹

地面拼花的施工放线应符合设计要求，石材颜色对比明显，无色差，卵石外形和粒径统一。图案应衔接平顺，拼缝细致均匀，衔接顺畅（图2.34），弧线拼缝呈放射状。拼花和基层粘结应牢固，无空鼓，表面平整，不出现坑洼积水。

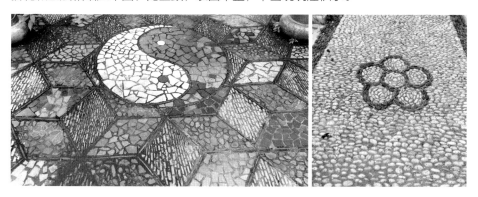

图 2.34　图案衔接平顺，拼缝细致均匀，衔接顺畅

冰裂纹石材一般不应出现三角形，大小应均匀自然，色差控制在允许范围内。裂缝应均匀，勾缝细密平直，砂浆饱满，角对缝、缝对角。超过 3 cm 厚的石材不宜进行冰裂纹铺装。有自行车通过或有行人频繁行走的场地不宜大面积采用冰裂纹铺装（图2.35）。

图 2.35　广场拼花及冰裂纹铺装

在利用地面自然排水时可以加宽冰裂纹铺装接缝，接缝一般控制在 2 cm 以内，缝深小于 1 cm，有利于排水（图 2.36）。

图 2.36　利用冰裂纹铺装接缝排水

2.2.5　木材铺装

1）材料控制

（1）主要木材种类（图 2.37）及特点

巴劳木：木质多为浅褐色，密度高，耐磨性强，适合户外使用。

菠萝格：硬度大，防腐性强，美观耐久。

柳桉木：一般分为白柳桉和红柳桉两种。白柳桉纹理直或斜面交错，易加工；红柳桉加工较难，木制偏硬，弹性大，易变形。

芬兰木：密度高，强度高，握钉力好，纹理清晰，极具装饰效果，主要作为软木装饰用材。

樟子松：材质细、纹理直，经防腐处理后，可有效抑制木材含水率的变化，减少木材的开裂程度。

黄巴劳木

红巴劳木

马来西亚菠萝格　　　　　　　　　　印尼菠萝格

红柳桉　　　　　　　　　　黄柳桉

芬兰木　　　　　　　　　　樟子松

图 2.37　主要木材种类

（2）木材加工

木材加工之前应由设计方、业主确认选材样板，进行定样。应选用坚固、不易变形、耐腐的硬质木材品种。加工时需要求供应商做到以下几点：第一，采用等级高、结疤少的原木进行加工（图2.38）；第二，必须对所有木料进行防腐、防虫处理；第三，提供同一批次的材料，色差小，纹理一致，统一处理（图2.39）。木材具体加工要求如下：

①尺寸符合设计要求。

②表面光洁、顺直、无裂痕，缝隙顺直（图2.40），缝宽符合设计要求，最大允许偏差为2 mm。

③平整度、坡度符合设计要求，平整度最大允许偏差为2 mm。

④漆面光洁、无毛刺。

⑤固定件顺直、美观、牢固。

结疤过多　　　　　　　　　　　　表面光滑结疤少

图2.38　表面光洁

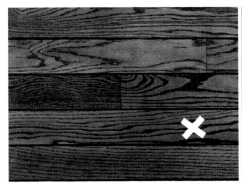

有色差、纹理不一、乱　　　　　　色彩均衡、纹理一致

图2.39　色差与纹理的要求

图 2.40　缝隙顺直

（3）面层处理

应根据木材使用环境、装饰对象的不同，选择不同处理方式，表面纹理需均匀排布，整体自然无偏差。

自然处理：维持木材自然纹理，表面粗糙，质感强。

木油：具有优异的渗透和附着力，它在木材表面形成的保护涂层能抵抗阳光中紫外线的辐射，有效阻止木材开裂、变形（图 2.41）。

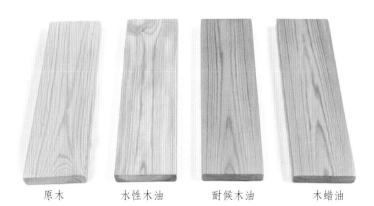

原木　　　水性木油　　　耐候木油　　　木蜡油

图 2.41　樟子松刷木油处理效果

桐油：优良的干性植物油，具有干燥快、光泽度好、附着力强、耐热、耐酸、耐碱、防腐、防锈、不导电等特性（图 2.42）。

图 2.42　防腐木桐油处理效果

清漆：涂在木材表面，干燥后形成光滑薄膜，显出原有的纹理，表面形成光亮效果（图 2.43）。

图 2.43　防腐木清漆处理效果

炭化：炭化木是在不含任何化学剂条件下用高温对木材进行同质炭化处理，使木材表面产生深棕色的美观花纹，并取得防腐及抗生物侵袭的效果，其含水率低、不易吸水、材质稳定、不变形、完全脱脂不溢脂、隔热性能好、施工简单（图 2.44）。

图 2.44　炭化木、木栈道

2）常见质量问题

①施工木材含水率过高，开裂变形，木油脱落（图2.45）。

图 2.45 木油掉色、脱落

②木扶手与配套设施不匹配，风格上不一致。

③拼接缝隙设置无规律，留缝不均匀，排列不规整，弧线不顺畅（图2.46）。

图 2.46 留缝不均匀，排列不规整，不对缝

④钉眼或接缝线错乱，高低不平，影响视觉效果。

3）施工要求

①木栈道的基础应采用 C25 以上的混凝土浇筑，当采用台式基础时，大于 25 延长米的应设置变形缝。

②用于固定木铺装面层的螺钉、螺栓应进行防锈蚀处理，其规格应符合设计要求，安装应紧固、无松动，钉眼或接缝要顺直、平整（图 2.47）。

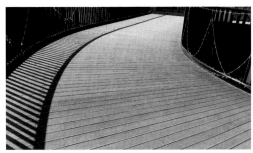

图 2.47　钉眼或接缝要顺直、平整

③螺钉、螺栓顶部不得高出木铺装面层的表面，外露的钉眼和接缝应排列规整，弧线顺畅。

④木平台转角处或异型平台若需进行放射状铺设，应将木板条双侧均衡切割，保持缝隙均匀分布（图 2.48）。

图 2.48　接缝排列规整，连线顺畅，切角平整对缝

2.2.6 透水混凝土路面

透水混凝土又称多孔混凝土、无砂混凝土、透水地坪，是由骨料、水泥、增强剂和水拌制而成的一种多孔轻质混凝土，不含细骨料。透水混凝土是由粗骨料表面包覆一薄层水泥浆相互粘结而形成的孔穴均匀分布的蜂窝状结构，故具有透气、透水和重量轻的特点，而且色彩多样（图2.49）。

图2.49 透水混凝土路面实例

1）结构和工序

（1）透水混凝土铺装结构（图2.50）

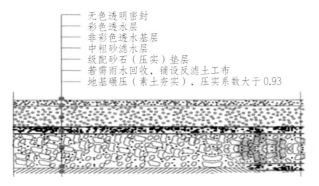

无色透明密封
彩色透水层
非彩色透水基层
中粗砂滤水层
级配砂石（压实）垫层
若需雨水回收，铺设反滤土工布
地基碾压（素土夯实），压实系数大于0.93

图2.50 透水混凝土结构剖面

（2）透水混凝土施工工序

透水混凝土施工应根据相关技术标准规范编制施工方案。为确保透水混凝土工程质量，需要严把质量关，科学组织和安排施工，使施工程序、施工方法、施工组织有条不紊地协同开展，做到科学管理、合理安排。具体施工程序参考为：摊铺→振压→成型→表面处理→接缝处理 。

摊铺采用机械或人工方法，成型可采用平板振动器、振动整平辊、手动推拉辊进行施工（图2.51）。透水混凝土施工后应采用覆盖养护，洒水保湿养护至少 7 天，养护期间要防止混凝土表面孔隙被泥沙污染。

图 2.51 摊铺成型

2）常见质量问题

①路面不平，产生积水。原因有：基础质量不符合要求，产生沉降；表面排水坡度不足。

②路面起砂、褪色。原因有：原料级配不合理，彩色面层过薄；路面被泥、灰尘污染，特别是酸碱性物质的腐蚀；无机颜料与胶结料粘结影响；彩色混凝土强度低、不耐磨（图2.52）。

图 2.52 彩色面层过薄易起翘，路面不耐磨损、褪色

③混凝土路面产生裂缝。原因有：结构层厚度、强度不足；混凝土切缝过迟、切缝间距过大或深度过浅；混凝土路面基础层不均匀沉陷引起路面板断裂；成品保护措施不到位，路面养护时间短，混凝土强度未达要求即开放通行。

④混凝土表面不密实光滑，有裂纹、脱皮、麻面及起砂等。

3）施工要求

①带有图案的铺设，要考虑线条的形状和交接关系，曲线要自然、顺畅、清晰（图2.53）。

图 2.53 线条要自然、顺畅、清晰

②透水混凝土的设计施工要考虑雨水的收集与排放（图2.54）。

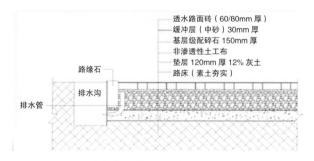

图 2.54 雨水的收集与排放示意

③透水混凝土路面与绿地、排水系统的连接必须满足景观要求（图 2.55）。

图 2.55　利用道路两侧盲管进行排放与收集

④透水混凝土路面色彩选用应根据其功能及周边的环境统一协调（图 2.56）。

图 2.56　色彩选用与功能及周边环境的协调

2.2.7 路沿石、台阶

路沿石是指用在路面边缘的界石，路沿石也称道牙石、路边石或路牙石，常用的材料为石材或者混凝土预制件。路沿石是在路面上区分车行道、人行道、绿地的界线，起到保障安全、保证路面边缘整齐和护土的作用（图2.57）。

图 2.57　路沿石起到分界与防护的作用

台阶是由于地面坡度较陡（一般地面坡度大于 12°）时为方便行走设置的，由踏步和平台两部分组成，能完善地形的竖向设计内容，增加空间景观（图2.58）。

图 2.58　台阶的设置

1）常见质量问题

①路边侧石、路沿石、台阶出现松动、脱落。原因有：基础质量问题，基础强度未达标或渗水导致土层流失；施工不规范，外侧未加护浆或结合层有空隙；受外力破坏等。

②转弯处人工切割造成分布不均、规格有差异（图2.59）。

转弯处切块过多 圆弧为折线

路沿石基础不实 交接处出现高低差

图 2.59 常见质量问题示例

③台阶未进行切角、防滑处理，有安全隐患。

④台阶未做排水坡度，产生积水情况。

2）施工要求

①应采用同一批次材料，避免薄厚差异。转弯处模数计算应准确。应注意台阶与场地、挡墙铺装对缝位置协调（图 2.60）。

②安放路沿石、台阶时，基础砂浆要找平，平稳安放，底部和外侧坐浆。

③应采用符合设计要求的结合层，并杜绝结合层有空隙。

④台阶一般高度为 100 ～ 150 mm，宽度不小于 300 mm，园路台阶应与路宽相等。

⑤每级台阶应设 1% ～ 2% 的坡度以便排水，若台阶表面较平滑或易磨损，应设防滑条。石材或贴面应切角处理，以免行人摔倒时磕碰危险。

⑥台阶较多时应设扶手和休息平台。

图 2.60　台阶注意对缝与交接关系

2.2.8　汀步

　　最早的汀步指的是设置在水上的步石，后来常把旱地上的步石也习惯性地称作汀步。汀步多选体积较大、外形不规整而表面比较平的山石，散置于浅水处，石与石之间高低参差、疏密相间，取自然之态，或与植物相配，能使水面或绿地富于变化，使人易于蹑步而行（图 2.61）。

图 2.61　设置在水上的步石

　　汀步的排列可以规则排列也可以不规则排列。规则式排列应大小统一，间隔均匀，简洁大方（图 2.62 ）。

图 2.62　汀步在草坪中规则式排列的效果

水面上的汀步，可与绿地中的步石连续设置，使水面或绿地富于空间景观变化（图2.63）。

图2.63　水面上的汀步与绿地上的步石连续设置

1）常见质量问题

①汀步的大小和间距不合理，行走不自然。

②汀步的基础混凝土尺寸过小，难以稳固支撑，或砂浆粘结不牢，导致汀步石移位。

③水上汀步过于光滑，自然石表面过平，会有一定的安全隐患。

④草缝过小，填土过少或流失，草生长不佳，导致汀步高出土地过多。

2）施工要求

①汀步间距一般按行人步长600～650 mm设计为宜，以汀步石中心间距计算。嵌草缝一般不小于100 mm（图2.64）。

②园林汀步的基础垫层使用混凝土时，其强度不应低于C15，基层的四周尺寸应比面层尺寸大50～60 mm。若采用汀步石，应至少一半埋入土中，以确保其稳固。

③汀步间的填土以低于汀步面20 mm为宜，若下方有混凝土层，土层厚度不应低于150 mm。

④水池中汀步施工时应考虑浮力的影响，一般应采用1∶3水泥砂浆砌筑，汀步的顶面距水面的最高水位不应小于150 mm，汀步的表面应进行防滑处理，踏步面积不应过小。

图 2.64　汀步间距及草缝宽度应适宜

2.2.9 植草砖（嵌草砖）、植草停车位

1）常见质量问题

①草坪生长不良或无法生长，导致露土。一般植草砖的草坪生长条件不佳时，尤其是停车位，应重视填充足够的种植土，并加强养护管理。

②安装不平整，致使车压后砖块松动。应注意基层和植草砖的压实平整。

2）施工要求

①植草砖和植草停车位工程应注意基层的分层处理。

②植草砖和植草格应按外观进行筛选，植草砖施工前应浸水且湿润。

③植草砖停车位与路面衔接要协调，不产生陡坎。

④植草砖和植草格停车位应以沙土为结合层，厚度应满足设计要求。

⑤植草砖和植草格种植穴内应填足量种植土，种植土松填与砖面平齐，使铺草压实后草皮恰与砖面平齐（图 2.65）。

图 2.65　植草砖草皮生长后应与砖面平齐

2.2.10 排水口、井盖

1）常见质量问题

①设计时未参考市政管网图，图中未标明各类检查井的具体位置，导致设计未考虑到市政井口的处理，现场井盖位置、方向、标高、材质无法与周边铺装或种植统一协调（图2.66）。

图 2.66　市政管网井口设置不当

②安装井盖时，施工人员未针对井盖的材料与铺装排板样式等问题与设计方沟通协调，视觉效果不佳。

③井盖位置影响盲道砖铺设。

④排水口坡度与周边铺装不一致，或未设置于低洼处，排水效果不良（图2.67）。

⑤排水口的位置影响铺装排布或铺装收边，视觉效果差。

⑥排水口被车辆碾压，导致碎裂。

图2.67 排水口设计处理不当

2）施工要求

①复核位置：综合管线图纸必须经仔细审核，硬质铺装区域尽量避免出现井盖。井盖、排水口位置对铺装有较大影响的，应要求设计方及时做出局部调整。

②铺装区域必须保留井盖的，需在石材排板阶段考虑井盖的位置与尺寸。应核对铺装排板图，注意井盖与铺装的对缝处理，保证整体效果。应现场测量尺寸后再定做井盖。应根据现场情况，调整井盖、雨水口的放置形式，与周边地面铺装、绿地及纵横坡度等协调一致（图2.68）。

颜色与周边不协调　　　　　　在石材排板阶段考虑井盖的位置与尺寸

图2.68 井盖与周边环境协调

55

③雨水口应略低于铺装面，以保证排水顺畅，并设置不锈钢滤网，以防被杂物阻塞（图2.69）。

图2.69 设置不锈钢滤网，防止阻塞

④井盖、排水口需根据是否行车考虑抗压强度，以防被车辆压坏。已经压坏的，需及时更换（图2.70）。

排水口损坏   路面积水不能及时排出

图2.70 需考虑抗压强度，对损坏的予以更换以防排水不畅

2.3 园林建筑与小品

园林中体量小巧、功能简明、造型别致、选址恰当的建筑物，称为园林建筑。园林中供休息、装饰、照明、展示以及为园林管理之用的小型设施，称为园林小品。

园林建筑与小品能美化环境，丰富园趣，为游人提供公共活动的场所，使游人从中获得美的感受，增添园林景观的意趣（图2.71）。

图 2.71　为游人提供休憩和活动的空间

2.3.1 园林建筑与小品的分类

园林建筑与小品按功能分为六类：

①休息类：亭、台、楼、廊、榭，长椅、桌凳，带坐凳花坛、花池、树池等。

②装饰类：雕塑，花钵、装饰瓶，景墙、景窗、景门，盆景等。

③展示类：布告板、导游图板、指路牌、说明牌、阅报栏等。

④服务类：公共厕所、公用电话亭、饮水台、栏杆、废物箱等。

⑤管理类：管理用房、鸟舍等。

⑥儿童游乐类：沙坑、滑梯、攀爬架、跷跷板、弹簧蹦床、小城堡等。

2.3.2 园林建筑与小品的特点

1）体现景观特色

体量较大的园林建筑与小品，可成为独立的景点，应充分体会建筑与小品的设计意图，选择合理的位置和布局（图2.72）。

图2.72 体现景观特色

2）发挥功能性

服务性、功能性的建筑、小品的布点应特别注意实际使用的便利性。如公厕、管理房、坐凳、灯具等均有一定的服务半径，超出则会造成不便；展示型的路牌、标识牌应置于醒目的位置，字迹清晰，且不易褪色，不被植物遮挡（图2.73）。

图2.73 发挥功能性

3）顺其自然

建筑小品的风格、外形、色彩不得破坏景观原有风貌，应与周边环境统一协调，自然成景，并相互烘托，显出双方的特点（图2.74）。

图 2.74 协调周边环境，自然成景

4）突出主题，体现人文风情

可通过小品，突出园林表现的主题，体现地方的民俗、人文风情（图2.75）。

图 2.75 体现地方的民俗、人文风情

2.3.3 园林建筑、构筑物施工要求

园林建筑类型较多，造型、材质复杂，在实际施工中需要具体分析，难以用统一的原则完全覆盖。总体来说，其质量由结构基础的稳固性和面材的视觉效果决定，以下按不同的基础类型，分类阐述。

1）混凝土结构工程

（1）混凝土结构外观常见问题（图 2.76）

露筋：构件内钢筋外露。

蜂窝：混凝土表面石子外露。

孔洞：混凝土中有孔洞，深度和长度超过保护层。

夹渣：混凝土中夹有杂物，且深度超过保护层。

疏松：混凝土局部有疏松。

裂缝：混凝土表面裂缝延伸至内部。

连接部位缺陷：构件连接处混凝土缺失，连接件松动。

表面缺陷：缺角、不平、棱角不直、飞边凸肋，以及麻面、掉皮、起砂、沾污等。

尺寸偏差：尺寸偏差不得超过一定的范围，应符合《混凝土结构工程施工质量验收规范》（GB 50204）的规定，否则会影响结构性能和使用。若产生偏差问题，应由施工方提出处理方案。

蜂窝　　　　　　　　孔洞　　　　　　　　裂缝　　　　　　表面缺陷（起砂）

图 2.76　混凝土结构外观常见问题

（2）模板施工要求

模板及其支架应具有足够的承载能力、刚度和稳定性，能可靠地承受浇筑混凝土的重量、侧压力以及施工荷载。安装现浇结构的上层模板及其支架时，下层楼板应具有承受上层荷载的承载能力，或加设支架。

模板的接缝不应漏浆；模板内的杂物应清理干净；模板与混凝土的接触面应清理干净并涂刷隔离剂，但不得影响结构性能或妨碍装饰工程；涂刷模板隔离剂时，不得沾污钢筋和混凝土接槎处（图 2.77）。

模板干净，必须涂刷隔离剂　　　　　　接缝不应漏浆，必须振实

图 2.77　模板及其支架应符合设计和规范要求

　　清水混凝土工程及装饰混凝土工程使用相应的模板，模板应平整光洁，不得产生影响构件质量的下沉、裂缝、起砂或起鼓。固定在模板上的预埋件、预留孔和预留洞不能遗漏，应安装牢固。

　　模板及其支架的拆除顺序及安全措施应按施工方案要求进行（图 2.78）。

图 2.78　钢筋混凝土支模

（3）钢筋要求

钢筋进场时，应按照国家标准进行抽样检验，保证其质量符合要求。钢筋应平直、无损伤，表面无裂纹、油污、颗粒或片状老锈。钢筋加工后的弯钩和弯折应符合相关技术规定。

（4）混凝土施工要求

混凝土进场时应核对种类、级别、强度等级、出厂日期等信息，对强度、稳定性等指标进行检查，确保其符合设计要求及国家标准。对拌制混凝土的水源水质应进行检验。配比应检验是否符合设计要求和国家标准。

结构混凝土的强度必须符合设计要求，应在混凝土浇筑地点随机取样进行检验。

在浇筑前，应按照设计要求确定施工缝的位置，并依照技术要求做缝。浇筑后，应按照施工技术方案采取养护措施。

2）砖石结构

（1）砌筑砂浆施工要求

混凝土进场时应核对种类、级别、强度等级、出厂日期等信息，对强度、稳定性等指标进行检查，确保符合设计要求及国家标准。使用中若对混凝土质量或出厂时间有怀疑，应进行复验。不同品种的混凝土不得混合使用。

砂浆用砂不得含有有害杂物，含泥量应满足《砌体结构设计规范》（GB 50003）的要求。拌制砂浆用水，水质应符合国家标准的规定。砌筑砂浆应通过试配确定配合比，当砌筑砂浆的组成材料有变更时，其配合比应重新确定。

砌筑砂浆应采用机械搅拌，随拌随用，水泥砂浆和水泥混合砂浆应分别在 3h 和 4h 内使用完毕；当施工期间最高气温超过 30℃时，应分别在拌成后 2h 和 3h 内使用完毕。掺有缓凝剂的砂浆，其使用时间可根据具体情况延长。

砌筑砂浆试块强度验收时，同一验收批次砂浆试块抗压强度平均值必须不小于设计强度等级对应的抗压强度，最小一组平均值必须不小于设计强度等级所对应的抗压强度的 0.75 倍。当砂浆试块检测不准确或不能满足要求时，可采用现场检验方法对砂浆和砌体强度进行原位检测或取样检测。

（2）砖砌体施工要求

砖和砂浆等级必须符合设计要求，要进行抽检。用于清水墙、柱表面的砖应边角整齐，色彩均匀。

砖砌体组砌方法应正确。转角处、交界处应同时砌筑，无相应措施的情况下严禁分砌。

砖砌体的灰缝应平直、薄厚均匀，以 10 mm 宽为宜，不宜过窄或过宽。水平灰缝的砂浆饱满度不应小于 80%（图 2.79）。

施工过程中应进行抽检，应注意检验砖砌体的尺寸是否在允许偏差值内。

灰缝不够均匀　　　　　　　　　　　　　灰缝必须顺直均匀

图 2.79　砖砌体灰缝

（3）石砌体施工要求

所用石材应质地坚硬，石材及砂浆等级符合设计要求。用于清水墙、柱表面的石材，应色泽均匀，色差符合要求（图 2.80）。具体施工要求如下：

①砌筑前，应将石材表面的泥垢等杂质清理干净。

②砂浆饱满度不应小于 80%，应抽样检验。

③石砌体的灰缝厚度：毛料石灰缝不应大于 20 mm，细料石灰缝不宜大于 5 mm，外露面灰缝不应大于 40 mm。

④挡土墙排水孔的设置应符合设计要求，若无明确要求，一般应每米高度上，间隔 2 m 设置 1 个。

⑤石砌体轴线位置、垂直度及尺寸偏差应符合相关规定的范围要求。

图 2.80　石砌体色差合理

3）外装饰面施工

外装饰面指混凝土和砖石砌体表面的贴面砖、涂料等外露部分（图2.81）。

图2.81 外装饰面的图案、色泽清晰、线条或顺直或柔圆

（1）施工要求

贴面砖的种类、规格、图案、颜色要符合设计要求，表面光洁平整，无缺损、少角、裂缝、颜色不均等问题。

拼贴前应预排版板，使拼缝均匀，在一些较小的空间中，拼缝的位置需与地砖呼应。非整砖不应多于1行，应放在次要位置。

贴面前应处理基层面，使其平整、粗糙、整洁。

贴面砖应粘结牢固，贴面完成后进行勾缝、擦缝。找平、防水、粘结和勾缝材料应符合技术标准，无空鼓、裂缝。

（2）预防饰面石材泛碱

湿贴天然石材施工完成后，经过一段时间，特别是环境较潮湿的情况下，石材表面的水斑逐渐变大，局部加深，光泽暗淡，析出白色的结晶体，称为泛碱现象（图2.82）。其形成原因是粘结所用的水泥砂浆产生含碱、盐等成分物质，遇水溶解，渗透到石材毛细孔里。一旦出现泛碱现象，很难清除，因此应着重预防。

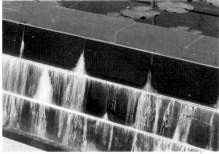

图2.82 石材泛碱

具体防治方法包括：施工粘贴之前对板材的反面做抗渗处理；做好贴面顶部压顶的防渗漏，用板材做压顶；采用优质低碱水泥，或在水泥中加入硅灰类的混合物来提前反应掉水泥中的碱质。若发生泛碱，应及时进行全面防水处理，防止水分继续入侵，控制泛碱扩大。可尝试使用市面上的石材泛碱清洗剂。确实难以避免发生泛碱的区域，建议优先选择浅色石材，以削弱不良视觉效果的影响。

4）钢结构

钢结构焊接施工，应熟悉图纸要求，充分核查电焊条及机具选用是否符合要求，施工人员是否具备有效资质证明，以及现场供电是否符合焊接用电需求。同时选择合适的焊接工艺，提前进行焊接工艺试验。

焊缝厚度、宽度应均匀一致，表面不得有裂纹、焊瘤等问题，应按照焊缝等级的相关规范，对焊缝进行抽检（图 2.83）。

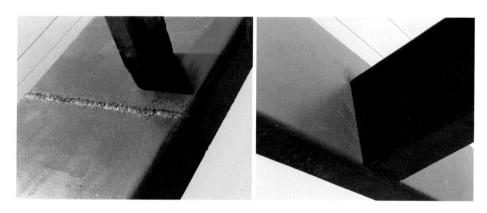

图 2.83　焊缝厚度、宽度不均匀，表面有裂纹、焊瘤

钢构件型号、质量应符合规定。检查构件在运输、堆放过程中有无损坏、变形，若有损坏、变形，应对构件进行再加工或矫正。防锈涂料若有破损，应进行补涂。

油漆涂装应在钢结构安装验收合格后进行。涂刷前，应将构件表面的污垢、杂物等清理干净；进行除锈处理，彻底清除后刷防锈底漆两遍，每次漆面干燥后再继续涂刷。刷底漆后一般在工地进行组装，完成后再刷面漆，因此在油漆之前应再次对表面进行清理。面漆应注意色彩均匀一致，刷或喷时应保持匀速平稳。在涂装过程中及完成后，应注意对构件的保护，防止尘土杂物沾染。漆面应无明显漏涂、误涂，无脱皮、皱皮、流坠、气泡等，并对漆膜厚度进行检测。

5）木结构

木结构工程所用的木材、连接件、胶合剂、木构件和其他材料，以及设备、工具等，应进行现场验收，材料品种、等级以及含水率、防腐、防火、防虫等指标应符合设计要求。木构件与砖石砌体、混凝土的接触处及垫木应做防腐处理。

木结构节点应选择适当的交接方式，榫卯嵌合严密，连接牢固、稳定。

木结构表面应平整，裁口顺直，割角准确。尺寸误差应在标准允许范围之内。

与木结构配合的混凝土基础、钢结构等应符合相应材料要求，钢构件应进行防锈处理（图 2.84）。

图 2.84　木铺装结构施工

2.3.4　园林小品

1）座椅、坐凳

耐用性：座椅、坐凳必须考虑室外天气条件下的耐用性，做好防锈、防腐处理工作。

基础隐蔽：基础必须隐藏于铺装面或种植面以下，防止外露。

基座交接：座椅、坐凳基座应与铺装面紧密贴合，无明显落差，保证美观性（图 2.85）；用螺栓固定坐凳的，需加防锈螺帽。

凳面固定：坐凳的木凳面必须使用不锈钢沉头螺钉固定，避免剐蹭人体。

基座与铺装面衔接自然　　　　　　　　耐用性强，基础隐蔽

图 2.85　座椅、坐凳

2）标识、标牌

视觉效果：应符合人体尺度，字体色彩清晰、大小适宜，标识符号明显，指向明确，方便观看，不易褪色（图 2.86）。

图 2.86　标识符号明显，指向明确

耐用性：基础应足够支撑主体，不晃动，不易倒塌，且充分埋入土层或铺装面以下，不外露。螺栓等构件应符合设计要求，尽量不外露。

协调性：施工时应注意与周边环境的协调配合。如与灌木、乔木、休息设施及主景点不要过近，以防妨碍使用；指路牌或警示牌可靠近灯具布点，方便夜间观看（图2.87）。

符合人体尺度，方便观看 位置、材质与周边环境协调

图 2.87 标识、标牌与环境协调

3）护栏

一般景观中常用的护栏按照材质分类有石栏杆、木栏杆、铸铁护栏、玻璃护栏、钢丝护栏、钢筋混凝土护栏等。护栏有防护和警示两个作用：一类主要保护游人不进入危险区域，通常高度在 900～1100 mm；另一类警示游人不进入不适宜游览的区域，为不妨碍景观效果，通常高度在 200～300 mm。

耐用性：防护性护栏应能够承受较大的人力晃动、倚靠。基础应稳固，石材栏杆粘结牢固，无缝隙，连接件符合设计要求。若潜在的危险程度较大，应提升护栏的强度和高度。

外观效果：护栏通常延伸较长，尤其在一些水边或高层平台上，视觉效果明显。应提前做好模数计算，均匀排布，线形流畅，异型栏杆应进行精确测量后定做（图2.88）。护栏基础应埋入地下不外露。

图 2.88 栏杆按照模数排布

4）雕塑、装饰小品

在园林中，雕塑、装饰小品通常为一个局部区域的主要视觉焦点，对外观要求较高。雕塑的主题和外观形象应与所处的环境、空间相协调，并需要考虑雕塑本身的朝向、色彩以及与背景的关系，一定要与园林环境互为衬托。同时，些较复杂的雕塑小品可能出现重心较高等情况，要重视基础稳固性，否则容易倒塌伤人（图2.89）。

图 2.89 雕塑与环境相配合，特殊造型的雕塑应重视基础稳固

园林雕塑的材质、表面质感、加工质量、成品规格等应符合设计要求。表面应自然光洁，没有裂缝、划痕、破损、凹陷等缺陷。拼接雕塑的缝宽要均匀适当，接缝隐蔽，外观流畅（图2.90）。石材雕塑应颜色均匀，没有色斑或色差。

图 2.90 外观流畅，色泽清晰

基座的基础砌筑要符合承载力的要求。基座的贴面材料要注意选材，与雕塑主题和谐统一，不可过于粗糙。

雕塑小品运输安装时应进行包裹，吊装时应做好保护，切忌用铁丝直接捆绑，避免在运输或安装时造成破损或表面划痕，影响效果。

雕塑的安装位置、高度应符合设计要求，牢固可靠，不能出现松动；雕塑和雕塑基座应自然顺接，材质、比例适当。施工完成后应及时清洁、保护。

雕塑及园林小品的设置可反映一定的社会时代精神，表现一定的思想内容，要突显主题性的艺术形象，成为园林景观的文化亮点（图2.91、图2.92）。

图 2.91　表达一定的主题思想内容

图 2.92　雕塑及园林小品的艺术形态体现地方的历史文化

2.4 石景工程

2.4.1 石景的分类

石景工程包括置石和假山两个部分。

置石：以山石为材料做独立性或附属性的造景布置，主要表现山石的个体美或局部的组合。置石体量较小，布置灵活，功能有观赏、休憩、护坡。置石可分为特置、对置、散置和群置等。

假山：假山的体量大而集中，布局严谨，可观可游，模拟自然山石，按照功能和形式可大致分为观赏型、攀登型、洞窟型和水景假山。

2.4.2 石景选材

1）置石的选材

置石由于石材的体量、形态、纹理、色彩、材质及位置等各不相同，因此具有不同的"力感""气势"，使山石体现出各自独特的风格（图2.93）。

石材形态、气势、皱纹、质地和色泽的统一　　　　　石材种类混杂、排列凌乱

图2.93　置石的选材

适宜用于置石的石种较多，常用的有以下几种：

①湖石类：玲珑剔透、姿态万千，讲求"瘦、漏、透、皱、丑"。

②水冲石：产于各地地表和江河之中，品种繁多，其外形大多圆润有形，表面细润光洁。

③木化石：适宜制作特置石、单置石、双置石和散置石石景，特别是用木化石制作散置石石林景观，气势宏大，别具一格。

④千层石：种类繁多，色彩丰富，一般多用于假山和驳岸，但有些种类的千层石无论是形态还是色彩都非常奇特，用来制作置石景观也十分漂亮。从纹路上分直纹、曲纹等。

⑤大理石：我国大理石品种有数百种，其中那些条纹优美和色块相间的大理石从装饰建材中脱离出来，加入到了景观石的行列。适宜制作置石的大理石有晚霞红、鲁山绿、五花、云雾绿、斑马纹、红龙玉等品种。

⑥龟纹石：大都半裸于地表，其形态有规则型和不规则型。有些龟纹石形态奇特，可用于置石。

⑦石笋石：造型独特，其中体块大、形态好的可用于置石。

⑧山皮石：产于各地地表，形态较好的山皮石可以用作置石。

⑨花岗岩：在我国分布较广，部分花岗岩作为置石，具有豪放和粗犷之美。

2）假山的选材

假山的选石主要从形态、皴纹、质地和色泽四方面来权衡。其主景石应选择造型较好的石料，次要位置一般搭配同类或类似石材。考虑节省原料，降低总体造价等因素，填充性的位置可选择符合结构要求但价格更便宜的石材、混凝土或砖砌等。

（1）自然山石

自然山石包括太湖石、房山石、黄石、青石、青云石、象皮石、灵璧石、英德石、石笋、剑石、木化石。

（2）人造塑石

人造塑石是采用石灰、砖、混凝土等非石材料经过人工加工后用于塑造假山石的各种材料。FRP（玻璃纤维强化塑胶）、GRC（玻璃纤维强化水泥）和CFRC（碳纤维增强混凝土）等人造塑石都有广泛的应用。

人造塑石材料来源广泛，取用方便，造型上不受石材大小和形态的限制，可完全按照设计意图进行造型，施工期短、见效快。但需要按照自然山石的纹理、排列特点进行精心设计和施工，好的人造塑石假山无论是在色彩上还是质感上都能取得逼真效果。

2.4.3 置石的方法

1）特置

特置石一般置于相对独立的空间中，成为局部景观构图的中心。特置石应选择体量大、造型轮廓突出、色彩纹理奇特、颇有动势的山石（图2.94）。

石高与观赏距离一般介于1：2~1：3之间。例如石高3~6.5 m，则观赏距离为8~18 m。为使视线集中，造景突出，可使用框景等造景手法，或立石于空间中心，使石位于各视线的交点上，或石后有背景衬托。

特置山石可采用整形的基座，也可以坐落于自然的山石面上，这种自然的基座称为"磐"。带有整形基座的山石也称为台景石，台景石一般是石纹奇异、有很高欣赏价值的天然石。

题字置石   点景置石

图2.94 不同类型的特置石

2）群置

群置又称"大散点"，有堆叠，有散置，相互搭配组成一个群体，通常用于置石驳岸或护坡等。应注意置石的高低起伏和平面变化，忌过于均匀或幅度太小，显得人工化、沉闷（图2.95）。

有聚有散，有断有续，主次分明

图2.95 群置效果

3）对置

对置是在建筑中轴线两侧或一个完整空间中对称置石，有一定的体量，必须和环境相协调。在大石块少的地方，也可用三五小石块拼在一起。置石选材要特别注意错落和呼应，不能过于对称，也不可气势相背（图2.96）。

讲究气势相互呼应　　　　　　　　　　　　缺乏呼应

图2.96　对置效果

4）散置

在布置时应注意脉络清晰，主次分明，高低有序，层次丰富，攒三聚五，有聚有散，若断若续，并与植物设计结合，形成生动的景观（图2.97）。

高低曲折，疏密有致，层次丰富　　　　　分布过于均匀，大小变化不明显

图2.97　散置石效果

2.4.4 石景施工要求

1）常见质量问题

①景石之间连接不稳，原因有咬合构件强度不足、地基沉陷。

②景石粘结砂浆明显，视觉效果不佳。

③散置、群置景石纹理走向不一致，或石材种类有明显差异，不够自然。

④塑石假山龙骨塌陷、断裂。原因有：塑石假山骨架达不到设计承重要求；地基不均匀沉降，假山基础不牢固；未按设计要求选料、布置钢结构；龙骨焊接处理不到位，各石块间啮合不紧密。

⑤塑石假山开裂、脱落、变色。原因有：钢丝网铺设不当，连接不密切；面层材料级配不合理；水泥砂浆抹灰厚度不够，或成型后养护不到位；颜料品质达不到要求。

2）施工要求

①景石安装前，应对地基进行加固处理，确保地基承载力。

②接触地面的普通置石应保证至少 1/3 埋入土中，以确保稳固。应注意景石各面的颜色，选择符合自然状态的合适的面作底（图 2.98）。

图 2.98　应注意景石各面的颜色及稳固性

③特置的孤立景石一般采用混凝土专用基座。大体量景石安装应用钢钉铆固，少用砂浆。

④散置、群置景石，主石与配石之间石材应统一，纹理走向一致，并注意景石不同面的颜色差异（图2.99）。堆叠时要保证相互支撑稳定，组装好后立即加固，防止晃动。

无主石与配石之分、散乱不协调　　　　　　　　色差较大且稳定性不够

图2.99　散置、群置的施工

⑤石景的布置，要根据石块的高低、大小、色泽处理好与背景和前景的植物配置关系（图2.100），水中石景与植物配置要做到高低有序、层次丰富、水草有依、树木有靠（图2.101）。

图2.100　石景的高低与植物陪衬的层次比例要协调

图 2.101　石景与水生植物的配置有依、有序、有高低，丰富水面变化

⑥塑石假山是仿造自然山石，运用混凝土、玻璃钢、有机树脂等现代材料进行塑山、塑石的工艺，其施工灵活方便，不受地形、地物限制，可随意造型，具有施工期短和见效快的优点。常规的施工程序为：定点定位→基础施工→制作骨架→绑扎钢丝网→塑形→塑面→上色→细化。基础施工应根据地质情况，按需求用桩基、石基和钢筋混凝土桩基来增加地基基础的承载力，基础验收合格后方可进行下道工序。应选择满足强度要求的龙骨材料。钢质龙骨安装焊接时应满焊，焊缝部位要做防腐防锈处理。

⑦塑石假山面层应在施工前试喷，选择合适的塑山面层材料配合比。水泥砂浆层厚度应均匀，内层喷浆厚度为20 mm以上，外层喷浆厚度为30 mm以上，包裹钢丝网，同时做好混凝土的保温、保湿养护。应选择抗氧化、耐老化的颜料进行着色。

第 3 章　软质景观施工

3.1 园林水景

3.1.1 水景的分类

水景在各类园林中都具有重要的地位，由水和植物、山石、灯光等要素配合形成的景观变化极其丰富，同时，园林中的水体也可以起到收集雨水、调节小气候的作用。

从景观形式上分类，水景主要分为静水、流水、瀑布、叠水、喷泉、旱喷、戏水池等类型。水体驳岸有缓坡驳岸、直驳岸、台阶驳岸、种植驳岸、木桩驳岸、自然石砌驳岸等类型。

水面的倒影、投影、反射、光色等变化要丰富。水流两岸可栽植各种观赏植物，以灌木为主，草本为次，乔木类宜少。在水流弯曲部分，为求隐蔽曲折，可多栽植树木；浅水弯曲之处，则可放入石子，栽植水生植物等。

要根据水岸线的变化处理好岸线和水面的关系。水岸的形式常用的有土坡、置石、硬质（混凝土、石砌等）、木桩等，其主要作用就是防止水土流失（图 3.1）。处理好岸线和水面的关系，提升水景效果，山石和植物是最好的元素，应配合廊、亭、亲水平台、桥等元素，视具体情况采用不同的方法。

植物（土坡）驳岸　　　　　　　　　　　置石驳岸

硬质驳岸　　　　　　　　　　　木桩驳岸

图 3.1　不同的驳岸形式

3.1.2 景观湖

1）驳岸的放线

要考虑水岸线的变化。水受地形或外力的影响或静或动，水的形状由容器的形状所造就，丰富多彩的水态取决于容器的大小、形状、色彩和质地。驳岸的线型要流畅、生动，水面有开有合，创造丰富的空间变化（图 3.2）。

自然水岸线的变化　　　　　　　　　　　规则式水岸线的变化

图 3.2　驳岸的变化

2）防水施工要求

湖底基层应充分夯实，避免不均匀沉降造成防水材料撕扯破裂。铺设防水材料时，应先清理湖底，防止被尖锐物刺穿；防水材料应搭接到位，湖底的泵坑等构筑物交接处要做好防水措施，防止防水材料开裂，避免渗漏；防水材料在驳岸的收头部位应锚固牢。

3）驳岸与水位关系

驳岸可分为湖底以下部分、常水位至低水位部分、常水位与高水位之间部分和高水位以上部分（图3.3）。高水位以上是不淹没部分，受风浪撞击和淘刷、日晒风化或超重荷载会导致下部坍塌，造成岸坡损坏。常水位至高水位部分（B和A之间部分）属周期性淹没部分，多受风浪拍击和周期性冲刷，水岸土壤遭冲刷淤积水中，损坏岸线。常水位到低水位部分（B和C之间部分）是常年被淹部分，主要是受湖水浸渗冻胀，剪力破坏。

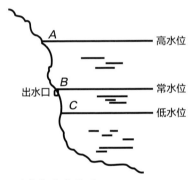

图 3.3 驳岸的水位关系

4）硬质挡墙驳岸施工要求

园林硬质驳岸的构造及名称如下：

压顶：驳岸顶端结构，一般向水面有所悬挑。

墙身：驳岸主体，常用材料为混凝土、毛石、砖等。

基础：驳岸的底层结构，作为承重部分，厚度常用400 mm，基础宽度一般为驳岸主体高度的0.6～0.8倍。

垫层：基础的下层，常用矿渣、碎石、碎砖等材料整平地坪，以保证基础与土层均匀接触。

基础桩：增加驳岸的稳定性，是防止驳岸滑移或倒塌的有效措施，同时也兼起加强地基承载能力的作用。材料可以用木桩、灰土桩等。

　　沉降缝：产生墙高不等、墙后土压力、地基沉降不均匀等差异时，必须考虑设置的断裂缝。

　　伸缩缝：避免因温度等变化引起的破裂而设置的缝。一般 10～25 m 设置一道，宽度一般采用 10～20 mm，有时也兼做沉降缝用。

　　浆砌块石基础在施工时，石头要砌得密实，缝穴尽量减少。北方地区冬季施工可在水泥砂浆中加入 3%～5% 的 $CaCl_2$ 或 NaCl，按质量比兑入水中拌匀以防冻，使之正常凝固。倾斜的岸坡可用木制边坡样板校正。浆砌块石缝宽约 20～30 mm，勾缝可稍高于石面，也可以与石面平齐或凹进石面。块石护岸由下向上铺砌石料，石块要彼此紧贴。

3.1.3　钢筋混凝土水池

1）池底施工

　　应按照施工图进行水池的位置、平面尺寸、池底标高放样。基坑开挖时，应注意做好排水措施。基土处理应符合设计要求，对湿软基土进行加固处理，基坑（槽）尺寸和土质应符合设计要求。然后浇筑混凝土垫层，混凝土垫层及底板混凝土应分层浇筑，振捣密实平整。

　　钢筋规格、布置和绑扎应符合设计和国家标准的要求，混凝土强度应符合设计要求。底板浇筑应连续施工，一次浇筑完成。底板与池壁连接施工缝留放位置应正确。混凝土底板浇筑至终凝前严禁振动、扰动，并应做好混凝土的养护工作。

2）池壁施工

　　池壁混凝土的材料、配合比、强度必须符合设计和国家标准的要求。

　　固定模板用的钢丝和螺栓不宜直接穿过池壁，当螺栓或套管确需穿过池壁时，应采取加焊止水环，加螺栓堵头或水帽等止水措施。

　　浇筑池壁混凝土时，应连续施工，一次浇完，不宜留施工缝，因施工需要留施工缝时，必须设止水带。各种管件预理应正确。池壁有密集管群穿过，预埋件或钢筋稠密处浇筑混凝土时，可采用相同抗渗等级的细石混凝土浇筑。混凝土应振捣密实，不得有蜂窝、孔洞、露筋。

　　池壁混凝土凝结后，应立即进行养护，养护时间不得少于 14 天。池壁抹灰质量要求粘结紧密，加强抹角处抹灰厚度，池壁、池底不渗漏。

3）水池装饰工程

　　池底和侧壁面砖的铺贴应采用 1：2 水泥砂浆或聚合物水泥砂浆自下而上进行。

铺贴的粘结层终凝后，应用水泥浆将缝嵌平，并用力推擦，使隙缝饱满密实，并擦净面层。

贴面的品种、规格、颜色应符合设计要求，表面应平整、干净，色泽一致，无裂痕和缺损。粘贴必须牢固，无空鼓裂缝。接缝应平直、光滑，填嵌应连续、密实，密度和深度符合设计要求。

4）水池试水

试水应在水池全部完工后进行。灌水至设计高度后，应观察 1 天，进行外观检查，做好水面高度标记，连续观察 7 天，外表无渗漏、水位无明显下降为合格。

3.1.4 喷泉

1）喷泉管道工程

喷泉管道的布置，可直埋或敷设在管沟中。置于水池内的次级管道，管网布置应排列有序、整齐美观。

水池要设溢水口，外侧配备拦污栅，溢水管要有 3% 的坡度。应设补给水管，以补充蒸发和喷水的损耗，保证水池正常水位。喷头连接管至少为其管径的 20 倍，不能满足时，则需要安装整流器。

所有管线都要具有不小于 2% 的坡度，便于停止使用时将水排空。所有管道均要进行防腐处理，管道接头严密，安装牢固。

管道安装完毕后，应认真检查并进行水压试验，确保正常后再安装喷头。

2）喷泉循环系统潜水泵

潜水泵的规格、型号、性能应符合设计要求。潜水泵电缆应采用防水电缆，采用漏电保护开关。潜水泵可就近布置于水池内，同喷泉用的潜水泵安装在同一高程。

3）喷头安装

喷头的规格和射程应符合设计要求，距水池边缘距离合理，水不得溅至水池外地面上。同组喷泉喷头的安装形式宜相同。隐蔽安装的喷头，喷口水流轨迹上不应有障碍物。喷头安装应牢固，不松动。

3.1.5 水生植物池与养鱼池

水生植物的种植应注意不同品种的水深要求，利用驳岸自然放坡或不同的种植槽进行控制，不同类型的植物以合理的比例进行搭配（图 3.4）。应特别注意水位是否能保证符合设计要求，并按照设计要求控制植物的生长范围。

图 3.4　浮叶与挺水植物的比例要适当，水缘植物应间断种植

　　养鱼池的生命线是水质。鱼类排泄物、空中的灰尘、雨中杂质等的沉淀腐烂会造成池水缺氧、鱼类生病以至窒息死亡，进而使鱼池成为寄生虫的温床，故要注意池底水的清洁，防止混浊，保证水中丰富的氧气含量（图 3.5）。

图 3.5　养鱼池的设计要保证水质清洁

　　用水泥铺设的新水池，要有 5 天左右的湿养护，即加盖湿的草帘或湿麻袋，夏天要经常喷水。放水后，水泥中残余的碱性石灰质会慢慢溶在水中，对植物及鱼类造成危害，需经过 6 个月才能溶解完毕，因此将水放掉重新注水比较保险。也可用过锰酸钾溶液洗涤全池。还可以放水浸泡全池，7 ~ 10 天之后，将水放光再换新水，然后加中和剂将水中残余的氢氧化物变成可以沉淀的盐类（如钙盐），并将水泥表面的小缝隙填充起来。

3.1.6 旱溪、雨水花园

1）旱溪

旱溪是不放水的溪床，由大小石块和花境组成。人工仿造自然界中干涸的河床，以形态各异的卵石为基调，可在其周围布置各种耐水湿植物，营造一种无水意境。如果下大雨，还可以用来排水、贮水、过滤、渗透（图3.6）。

枯水的小溪   大小石块与花境的配置

图3.6 旱溪景观效果

2）雨水花园

雨水花园利用自然形成或人工挖掘的浅凹绿地、低洼地等汇聚并吸收地面的雨水，通过植物、沙土的综合作用使雨水得到净化，并逐渐渗入土壤，涵养地下水。涵养的水源可补给景观用水、厕所用水等。雨水花园是一种生态可持续的雨洪控制与雨水利用设施（图3.7）。

图3.7 雨水花园

雨水花园的常用结构，由内而外一般为砾石层、砂层、种植土壤层、覆盖层和蓄水层。同时设有穿孔管收集雨水，设置溢流管以排除超过设计蓄水量的积水（图3.8）。

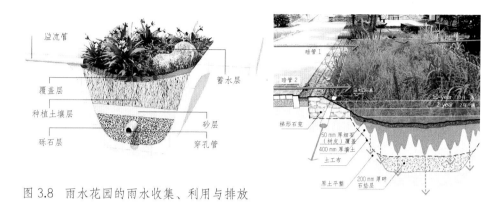

图3.8 雨水花园的雨水收集、利用与排放

3.2 园林绿化种植

3.2.1 种植土及土壤的质量要求

绿化栽植或播种前应对该地区的土壤理化性质进行化验分析，采取相应的土壤改良、施肥和置换客土等措施，绿化栽植土壤有效土层厚度应符合规范的相关要求。

园林植物栽植土应包括客土、原土利用和栽植基质等，栽植土应符合下列规定：

①土壤 pH 值应符合本地区栽植土标准或按 pH 值 5.6 ~ 8.0 进行选择。

②土壤全盐含量应为 0.1% ~ 0.3%。

③土壤容重应为 1.00 ~ 1.35g/cm^3。

④土壤有机质含量不应小于 1.5%。

⑤土壤块径不应大于 5cm。

⑥栽植土应见证取样，经有资质单位检验并在栽植前取得符合要求的检验结果。

种植土壤及地下水位深度必须满足种植植物的生长要求，并达到施工规范的要求，严禁在种植土层下有不透水层。必须选用园林种植土，即理化性能好，结构疏松、通气，保水、保肥能力强，适宜园林植物生长的土壤，严禁使用基坑深层土。必要时应对重点区域、特殊苗木种植区域进行土壤改良（图3.9）。

垃圾土壤，种植前未对土质进行改良　　　　　园林植物生长的土壤

图 3.9　种植土壤要求

土壤全盐含量大于等于 0.5% 的重盐碱地和土壤重黏地区的绿化栽植工程必须实施土层改良，必须由专项工程设计，专业施工单位施工。开槽范围、槽底高程应符合设计要求，槽底必须高于地下水标高，不得有淤泥、软土层。排盐管敷设走向、长度、间距应符合设计要求。

排盐层完工后，观察井主排盐管必须与市政排水管网沟通。对雨后 24 小时仍有积水地段应增设渗水井与隔淋层沟通。

3.2.2　微地形整土及栽植穴要求

应根据标高图进行堆坡造型，主要控制高点、脊线、起伏、饱满度。同时去除建筑垃圾、块石（图 3.10）。

图 3.10　控制好高程点、脊线、起伏、饱满度

铺设营养土及沙后应验收，主要对营养土及沙厚度进行验收，要求表面不见原土，平滑饱满，草坪区压实度要达到沉降不影响平整度的标准。应对土坡形状、土壤压实度、表层土壤进行验收，验收合格后方可种植乔木（特殊情况已种植大树的，树穴处理需达到设计要求）。

大乔木、中层花灌木种植完成后，多余树穴土严禁随意堆积，需全面检查整平后进行地被种植，避免局部马鞍状地形，同时注意控制土块大小粒径应在 3 cm 以下（图3.11）。

土块过大，未平整到位，影响种植效果　　　　　多次平整，地形饱满，土块大小合理

图 3.11　种植土壤平整

挖掘栽植穴（槽）前，应向有关单位了解地下管线和隐蔽物埋设情况。树木与地下管线及其他设施的最小水平距离应符合相应的设计规范。

栽植穴（槽）底部遇有不透水层及重黏土层时，必须采取排水措施，达到通透。若有灰土、石砾、有机污染物、黏性土等，应采取扩大树穴、疏松土壤等措施，视情况进行换土。

栽植穴（槽）定点放线应符合设计要求。直径应大于土球或裸根苗根系展幅 40 ~ 60 cm，穴深度宜为穴径的 3/4 ~ 4/5（图 3.12）。

树穴过小　　　　　　　　　　　　　树穴适宜

图 3.12　栽植穴的直径和深度

3.2.3 绿化苗木选型与种植效果

园路绿化植物材料种类、品种名称及规格必须符合设计要求。绿化苗木必须生长健壮，枝叶繁茂，冠形完整，色泽正常，根系发达，无病虫害，无机械损伤，无冻害等。

绿化苗木必须经过移植和培育，未经培育的实生苗、野地苗、山地苗一般不宜采用。非栽植季节栽植时，为提高栽植成活率，绿化植物应选择苗圃移植苗、容器苗。

1）特选树型要求

树形完整、造型优美，姿态饱满开展，具有独特的观赏效果，根据设计要求可独立成景（图3.13）。

特选朴树

造型黑松

图3.13　特选乔木示例

2）大乔木选型要求

胸径符合设计要求，树冠较完整，分枝点和分枝合理，长势良好。行道树一般最低分支点在2.8 m以上，禁止截干（图3.14）。

阔叶型乔木

针叶型乔木

图3.14 大乔木选型示例

土球完整，规格符合要求，包装牢固，土球直径应为树木胸径的 6 ～ 10 倍，土球高度为土球直径的 2/3，土球底部直径为土球直径的 1/3（图 3.15）。

土球不合格　　　　　　　　　　　　　　土球连散

图 3.15　土球的完整性与包装

3）小乔木及灌木选型要求

树形完整，造型优美，树冠开展，根系完整。独干型乔灌木禁止截头，丛生绿篱类灌木无脱腿情况，生长良好（图 3.16）。

图 3.16　小乔木及灌木选型

4）竹类选型要求

鞭芽饱满，根系健壮，分枝较低，枝叶繁茂，无明显开花迹象，1 ~ 2 年生。通过支撑使竹丛自然开展，防止过密（图 3.17）。

竹子片植禁止截干　　　　　　　　　　根系健壮完整

图 3.17　竹类选型

5）根据造景类型选择绿化材料

（1）驳岸绿化品种选择

驳岸植物多选喜湿和抗涝性较好的植物。园林绿化中依据驳岸的处理形式不同，植物配置的方法也有区别。

石岸、砌石驳岸、混凝土驳岸、砖砌驳岸、卵石沙滩驳岸等的驳岸植物多与岸边植物合一，而自然驳岸则需要根据水体的大小、位置情况，选择相应的植被模式，可以是开阔平整的缓坡草地，也可以是色彩斑斓、错落有致的水生花卉组合，还可以是自然野趣的芦苇、香蒲、再力花、美人蕉等（图 3.18）。

图 3.18　驳岸植物的配置

应控制水生植物与水面的关系，防止水生植物露地种植。可采用草坪入水、耐水湿草本植物种植、置石点缀等方式优化驳岸线形，适当增加密度，避免大面积露土，必要时采用容器苗。水生植物挺水、浮水、沉水植物应相结合，丰富层次，种植避免直线形，避免种植过满（图3.19）。

水生植物与水位关系出现偏差，岸上露土

直线形种植

水生植物与置石搭配合理

种植密度不够

通过水生植物弱化驳岸线形

草坡入水结合水生植物分片种植

图3.19　驳岸绿化实例

（2）花境选材

花境是借鉴自然风景中林缘野生花卉自然散布生长的景观，将其应用于园林景观布置的一种形式，是以树丛、树群、绿篱、矮墙或建筑物为背景的带状自然式花卉布置，将不同种类的花卉以自然斑块状混合栽植。

花境的基本构图单位是单组花丛，通常由 5～10 种花卉组成。花丛一般以主色调的单一种花卉植物形成基调，2～3 种其他色调的花卉植物作为陪衬。季相设计多为 2～3 季。一般同种花卉集中栽植，平面上看是各种花卉块状混植，立面上看高低错落、线条顺畅。

依植物选材，花境可分为宿根花卉花境、混合式花境、专类花卉花境三种类型（图3.20）。

宿根花卉花境

混合式花境

专类花卉花境

图 3.20 不同类型的花境

宿根花卉花境的材料全部由可露地过冬的宿根花卉组成，养护简单。

混合式花境以耐寒的宿根花卉为主，配置少量的花灌木、球根花卉或一、二年生花卉，这种花境季相分明，色彩丰富，质感差异较大，在绿化中应用较多（图 3.21）。

专类花卉花境以属不同种类或同种类不同品种的植物为主要种植材料，要求花期、株形、花色等有较丰富的变化，如百合类花境、鸢尾类花境、郁金香花境、菊花花境等。

图 3.21　富于变化的混合式花境

（3）主要绿化节点的选材

节点是一个视线汇聚的景观点，一般而言，主入口、建筑物前、道路的相交处、广场、人员集散地等都可以称为节点，即整个景观区域中比较突出的地方，在整个园林景观设计中起画龙点睛的作用。因此，节点处的绿化，一般在造景方面有较高要求，是一种注重美学的绿化。在实现生态效益的基础上，更加强调艺术效果和综合功能（图 3.22）。

图 3.22　植物的选配满足节点绿化的艺术效果和综合功能

　　绿化节点的植物选材必须根据园林景观布局要求，对各种植物如乔木、灌木、攀缘植物、水生植物、花卉植物、地被植物等之间的搭配以及这些植物与园林中的山、水、石、建筑、道路的搭配进行精心的规划与设计（图3.23），充分发挥植物本身的形体、线条、色彩等美感，创造出与周围环境相适宜、相协调并有一定意境或一定功能的艺术空间，以发挥它们独特的园林功能和观赏特性。

图 3.23　选择植物的搭配与周围环境相适宜、相协调

（4）行道树的选择

　　行道树作为道路绿化的主要形式，可以改善区域生态环境，消除噪声、净化空气、调节气候以及涵养水源，具有重要的生态功能及美化观赏作用。应选用当地适生树种，以便适应环境、抗病虫害，并统一树高、分枝点、冠幅、规格，挺直整洁（图3.24）。

图 3.24　行道树的选择

3.2.4 运输和种植前准备

苗木装运前必须仔细核对苗木的品种、规格、数量、质量,外地苗木应事先办理苗木检疫手续。裸根苗运输时应进行覆盖,装卸时不得损伤苗木。土球苗木不得散球(图3.25)。苗木运输量应根据现场种植量确定,及时栽植,当天不能栽植的应及时假植,严禁长时间晾晒。

图3.25 苗木运输过程中不得散球

苗木装车应码放整齐,土球朝前,树梢向后,树干加垫、捆牢,树冠用绳拢好。长途运输应特别预防"风干",要保持树体、树干、土球的湿润度,一般可采取喷保湿剂和用苫布遮盖等方法。

假植裸根苗可在栽植现场附近选择适合地点,根据根冠大小挖假植沟。假植时间较长时,根系必须用湿土埋严,不得透风,不得使根系失水(图3.26)。带土球苗木码放整齐,在土球四周培土,喷水保持土球湿润。

图3.26 假植时,根系必须用湿土埋严,不得透风,不得使根系失水

苗木栽植前应进行苗木根系修剪，将劈裂根、过长根剪除，同时要对修剪切口进行消毒和保护。完植后对树冠进行适当修剪，防止蒸发量过大，保持树体地上、地下生长平衡。

3.2.5 种植施工要求

1）乔木施工要求

①栽植带土球苗木，必须先确定坑的深度与土球的高度是否一致，若有差别，应及时将树坑挖深或填土。栽植深度对成活率影响很大，一般裸根乔木苗的栽植深度应比根茎土痕深 5～10 cm，带土球苗木的栽植深度比土球顶部深 2～3 cm。种植后要及时清除捆绑土球的绳网（图 3.27）。

图 3.27　土球裸露、围堰不规范、塑料绳未清除

②应注意树冠的朝向，大苗要按其原来的阴阳面栽植。尽可能将树冠丰满完整的一面朝主要观赏方向；对于树干弯曲的苗木，其弯曲方向应与当地主导风向一致，作为行道书栽植时，应弯向行道内并与前后对齐；行列式栽植，应先在两端或四角栽上标准株，然后参照标准株栽植中间各株。

③定植时，应先将苗木的十球或根蓃居中放入种植穴内，然后再将树干立起扶正，与地面垂直。树木扶正后，分层回填种植土，每填一层土就要用锄把将土压紧实，使土壤与土球完全贴合，直到穴坑填满，同时土面盖至树木的原根颈部位为止。压实土壤时一定要确保土球的完整性。

④乔木种植完成后土球不得裸露。根据种植需要可以填充陶粒、石子或放置通气管改善土壤的透气性（图 3.28）。

图 3.28　改善土壤的透气性，促进根系的再生

⑤乔木种植后围堰要规范、整洁，围堰的直径一般大于土球直径 40～60 cm，便于浇水（图 3.29）。草坪区树木需保留直径 90 cm 的树圈，乔木位于地被色块中的，地被植物应由树圈内向外呈一定的高差修剪。

图 3.29　围堰利于浇水

⑥树池的覆盖可采用箅子树皮、木屑、陶粒、卵石、草坪、草花等方式，树皮可环状或鱼鳞状向心摆放，陶粒、卵石等填充料需填充饱满、不露土（图 3.30）。

图 3.30　树池的覆盖

⑦要科学浇好前三遍水。头遍水要浇到、浇透，浇水的部位在树穴内土球以外的地方。二遍水习惯称为"回头水"，正常季节栽植时间隔 2 ~ 3 天，反季节栽植时间隔 1 ~ 2 天。间隔期间应检查栽植是否做到根部压实、紧密贴合，树盘表面是否出现不同程度裂纹等。通过时间差，可暴露栽植问题，便于及时进行整改。二遍水仍要如二遍水一样间隔、检查，又叫"补水"（图 3.31）。

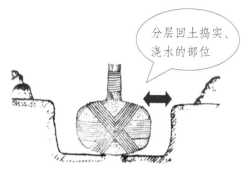

分层回土捣实、浇水的部位

图 3.31　栽植回填土和浇水

⑧不同类别的乔木固定支撑详见表 3.1 及图 3.32。

表 3.1　不同类别乔木固定支撑方式

编号	适用树种	形式	材料	备注
A	胸径（干径）小于等于 10cm 的小乔木（花灌木）	扁担撑	直径 6cm 去皮杉木	—
B	胸径（干径）在 10~15cm 之间的乔木（花灌木）	"井"字四角撑	直径 6cm 去皮杉木，长 2m	—
C	胸径在 15~18cm 之间的乔木	"井"字四角撑	直径 8cm 去皮杉木，长 2.5m	—
D	胸径在 18~25cm 之间的乔木	"井"字四角撑 + 钢丝索	直径 10cm 去皮杉木，长 2.5m；直径 6mm 钢丝索，角撑；直径 8cm 杉木，长 1m	角撑入土 0.7m
E	胸径大于 25cm 的乔木	钢管"井"字四角撑	直径 48mm、壁厚 4mm 镀锌钢管，垂直高度 2.5m 以上，底漆：铁红酚醛防锈漆；面漆：银粉磁漆；打角撑	角撑入土 0.7m

扁担撑

"井"字四角撑

图 3.32　不同支撑固定方式示例

2）灌木施工要求

①施工前必须仔细核对来苗的树种、规格是否正确，若发现问题，应立即调整。

②灌木栽植深度应与原土痕平齐。栽裸根苗时，一人负责扶树、找直和掌握深浅度，另一人负责埋土。

③大灌木应将冠形丰满完整的一面朝向主要观赏方向（图 3.33），规则式栽植应选择形态一致的苗木。栽植密度应满足图纸要求及植物生长需求。

图 3.33　冠形丰满完整的一面朝主要观赏方向

④绿篱、灌木地被边缘线应与草坪分界清晰，应严格按照图纸放线，曲线圆滑流畅，不同植物层次分明，交接处不露土（图 3.34）。

图 3.34　灌木地被种植放线应准确，边缘界线清晰

⑤灌木栽植后，应按照植物生长情况及设计要求进行修剪。

3）竹类施工要求

①栽植地应选择土层深厚、肥沃、疏松、湿润，光照充足，排水良好的区域（华北地区宜背风向阳）。对较黏重的土壤及盐碱土应进行换土或土壤改良，最好用厚度不小于 30 cm 的专用种植土，土山泥、泥炭土、黄沙比例为 7 : 1 : 2。

②竹类栽植地应进行翻耕，深度 30 ~ 40 cm，清除杂物，增施有机肥，并做好隔根措施。应设置竹林根系挡墙，防止竹子根系向外生长、在非竹林区域长出竹子。

③竹类材料品种、规格应符合设计要求，放线定位应准确。

④栽植穴的规格及间距可根据设计要求及竹蔸大小确定，丛生竹的栽植穴宜为根蔸的 1 ~ 2 倍；中小型散生竹的栽植穴规格应比鞭根长 40 ~ 60 cm，宽40 ~ 50 cm，深 20 ~ 40 cm，栽植密度要满足生长的空间需求（图 3.35）。

种植密度过大　　　　　　　　　　　自然开展效果

图 3.35　竹种植密度

⑤竹类栽植应先将表土填于穴底，使栽植穴深浅适宜。拆除竹苗包装物，将竹蔸入穴，根鞭应舒展，竹鞭在土中深度为 20 ～ 25 cm；覆土深度宜比母竹原土痕高 3 ～ 5 cm，踏实并及时浇水，渗水后覆土。

⑥种植前应适当进行疏剪，严禁截干修剪（图 3.36）。

图 3.36　适当疏剪保持自然形态

⑦种植后应及时做支撑（图 3.37）。

图 3.37　支撑示意

4）草坪施工要求

①草坪需考虑排水问题，不能有积水。面积较小的草坪多设计为缓坡排水，排水坡度约为 0.5%。面积较大的草坪，建议采用地下排水系统（图 3.38）。

②草坪铺植前必须对铺植场地进行粗平、灌水、施肥、细平等操作，基层土壤每填筑 50 cm 厚碾压 1 ～ 2 次，地表部分 20 cm 必须细耕捣碎，土块颗粒直径不大于 3 cm，将场地碾压两遍并找平，加 5 cm 厚细沙，用竹片刮平（图 3.39）。

③应按照设计要求对草坪边缘放线，曲线要求自然流畅，与周边衔接处不露土（图 3.40）。

④草卷土层厚度要求为3cm，周边应平直整齐，高度一致。铺设前应整地、浇水浸地。密铺草坪卷应相互衔接不留缝，间铺应缝隙均匀，禁止零散小块随意拼铺（图3.41）。铺贴后应及时进行滚压或拍打，使草坪完全贴附沙土。

⑤应及时浇水，浸湿深度需达到10cm。保持土壤湿润直至新叶丌始生长（图3.42）。

图3.38 草坪下设排水管

图3.39 覆沙

图3.40 地被草坪线放线需顺畅

图3.41 密铺草皮卷衔接不留缝

图3.42 草坪效果

5）花卉施工要求

①花苗的品种、规格、栽植放样、栽植密度、栽植图案均应符合设计要求（图3.43）。

②花卉栽植土及表层土整理应符合相关规定。

③应依据设计图纸放线，边缘清晰，曲线自然流畅（图3.44）。

④栽植深度应适当，根部土壤应压实，花苗不得沾泥污。

⑤株行距应均匀，高低搭配应恰当（图3.45）。

⑥花卉栽植后，应及时浇水，并应保持植株茎叶清洁。花苗成活率不应低于95%。

图 3.43　来苗品种、栽植放样符合设计要求　图 3.44　根据图案放线进行铺排

图 3.45　采取适宜的种植密度和高度

3.2.6 植物修剪

整形修剪既是园林植物造型的重要技术手段和保证成活率的常用措施，又是园林植物养护管理中的一个重要环节。园林树木的整形通过修剪树木枝条，如用剪、锯、捆、绑、扎等手段，使树木生长成栽培者所希望的特定形状。修剪则在整形的基础上，对树木的某些器官（枝、叶、花等）加以疏剪、短截等（图 3.46），以达到调节生长，促进开花结实的目的。整形、修剪是两个紧密联系的操作技术，常常结合在一起进行。

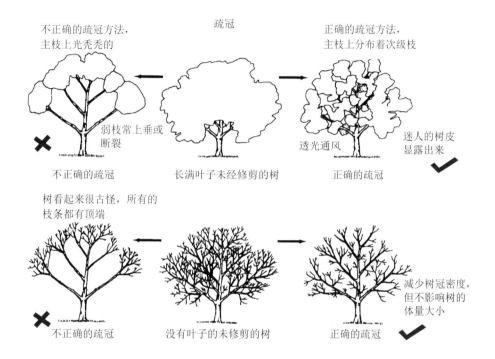

图 3.46　落叶乔木的修剪

一般来说，整形主要用幼树及新植树木，修剪则贯穿于树木一生，是园林植物养护管理工作的主要内容。

苗木栽植前的修剪应根据苗木的自然生长状态和景观需求，围绕苗木种植的立地条件，采取疏枝为主、适度轻剪的修剪方法（图 3.47），特别是花灌木的修剪，要保持树体地上、地下部位生长平衡，确保成活率。

疏剪主干的大枝

疏剪侧枝上的过密枝

疏剪小枝的先端枝

疏剪增强枝的上枝

疏剪增强枝的下枝

疏剪两增强枝的中间枝

图 3.47 疏枝为主、适度轻剪的修剪方法

1）落叶乔木

①具有中央领导干、主轴明显的落叶乔木应保持原有主尖和树形，适当疏枝，对保留的主侧枝应在健壮芽上部短截，可剪去枝条的 1/5 ~ 1/3（图 3.48）。

图 3.48 乔木修剪过重、截干

②无明显中央领导干、枝条茂密的落叶乔木，可对主枝上的侧枝进行短截或疏枝并保持原树形。

③行道树乔木分枝高度宜为 2.8 ~ 3.5 m，第一分枝点以下枝条应全部剪除，同一条道路上相邻树木分枝高度应基本统一。

2）常绿乔木

①常绿阔叶乔木具有圆头形树冠的可适量疏枝，枝叶集生树干顶部的苗木可不修剪，具有轮生侧枝的常绿乔木作为行道树时，可剪除基部 2 ~ 3 层轮生侧枝。

②松树类苗木宜以疏枝为主，应剪去每轮中过多主枝，剪除重叠枝、下垂枝、内膛斜生枝、枯枝及机械损伤枝；修剪枝条时基部应留 1 ~ 2 cm。

③柏类苗木不宜修剪。有双头或竞争枝、病虫枝、枯死枝应及时剪除。

3）灌木及藤本类

①有明显主干的灌木，修剪时应保持原有树形，主枝分布均匀。主枝短截长度不宜超过 1/2。

②丛枝型灌木预留枝条宜大于 30 cm。多干型灌木不宜疏枝。

③绿篱、色块、造型苗木在种植后应按设计高度整形修剪（图 3.49）。

④藤本类苗木应剪除枯死枝、病虫枝、过长枝。

图 3.49　色块、绿篱修剪效果

3.2.7 园林植物造景

园林植物造景，也就是运用乔木、灌木、藤本植物以及草本植物等素材配置成群落，通过艺术手法，结合各种生态因子的作用，充分发挥植物本身的形体、线条、色彩等方面的自然美感，创造出与周围环境相适宜的艺术空间。

植物造景的总体要求必须满足设计的理念和景观效果。

1）符合多样的功能要求

（1）道路绿化

道路绿化主要功能是蔽荫、吸尘、隔声、防眩光、美化等，因此要选择易活，对土、肥、水要求不高，耐修剪，高大挺拔，叶密荫浓，生长迅速，抗性强的树种作为行道树，同时也要考虑市容美观的问题（图3.50、图3.51）。

图 3.50　景观道路规则式绿化

图 3.51　道路中央及转弯处景观绿化

（2）城市绿地和公园绿化

公园绿化要从其多种功能出发，要有聚集活动的空间或大草坪，有遮荫的乔木，有艳丽的成片灌木，有安静休息需要的密林、疏林等（图 3.52）。城市绿地、公园绿化需要满足城市建设的各项指标，植物配置还要围绕其他造景要素加以设计和选配，从而使景观效果得以提升，真正体现"以人为本"的多功能性。

林下广场

景观园路

疏林草地

植物群落

图 3.52 不同类型的公园绿化景观

2）技术上具有科学性

（1）适地适树

植物造景时，应满足植物的生长要求，确保一定的成活率，要科学选材、科学种植。各种园林植物在生长发育过程中，对光照、温度、水分、空气等环境因子都有不同的要求。一方面要因地制宜，使植物的习性和栽植地点的生态条件基本吻合；另一方面要为植物正常生长创造适合的生态条件，即根据立地条件选择合适的植物，或者通过引种驯化、改变立地生长条件使植物适宜生长，这就是通常所讲的适地适树（图 3.53）。

图 3.53　选配适合栽植环境的植物

（2）植物种类的多样性

重视植物种类的多样性并合理配置，合理安排种植密度，使植物有足够的营养和生长空间，从而形成较为稳定的群体结构（图 3.54）。

图 3.54　丰富的植物品种，合理搭配

（3）植物群落的稳定性

合理搭配喜光与耐阴、速生与慢生、深根性与浅根性等不同类型的植物，在满足植物生长条件的基础上创造优美、稳定的植物景观（图 3.55）。

图 3.55　利用植物的生长习性与特点体现空间和景观变化

（4）重视生态系统的完善，提高绿地比例和绿化覆盖率（图 3.56）

图 3.56　提高绿化覆盖率

3）手法上具有艺术性

不同的绿地、景点、建筑物性质和功能都不同，在植物配置时要体现出不同的风格，要处理好植物与建筑、山、水、道路的关系，给人以视觉、听觉、嗅觉上美的享受。在植物配置上也要符合艺术美的规律，即"形式美、时空美、意境美"。具体要求如下：

①总体艺术布局要协调，满足设计立意要求（图 3.57）。

图 3.57　通过植物的不同层次柔化硬质景观，艺术布局协调

②应从整体着眼，注意平面和立面变化（图 3.58）。

图 3.58　注意立面景观效果

③应全面考虑植物形、色、味的效果（图 3.59）。

图 3.59　充分利用植物的形、色、味，营建植物景观

④应考虑四季景色的变化，春赏花，夏纳荫，秋观色，冬咏雪（图3.60）。

图 3.60　植物配置时要突出四季景色的变化

⑤主次应分明，形式多样（图 3.61）。

树阵与林下空间

建筑背景与植物的层次

图 3.61　形式多样的配置要处理好空间关系

⑥应适地适树，突出地方风格，营建特色植物景观（图 3.62）。

银杏大道　　　　　　　　　　　　　樱花大道

图 3.62　营建地方特色植物景观

4）风格上具有独特性

园林景观中的植物配置风格要灵活。可以通过新品种引进、配置手法多样化或改变栽培形式，如立体绿化、时令性植物景观布置、结合景观小品和特殊容器等，形成不同的植物景观效果（图 3.63、图 3.64）。新材料、新工艺、新理念、新技术的应用使园林景观更能满足新时代的发展和需求。

图 3.63　立体绿化的运用

图 3.64　时令性植物景观布置

5）经济上具有合理性

从经济的角度上来说，要合理选择绿化植物的品种，尽可能保护和利用现存的植物，发展和利用本地区的乡土树种。乡土树种适应性强，苗木易得，又可突出地方特色。

应注重经济树种植，如种植 些可观赏的经济性植物——桃树、柿树、银杏、枇杷、枣树、杏树、薄壳山核桃、杜仲、海棠、葡萄、无花果、金银花、薰衣草等，使观赏性与经济效益有机结合，提高地方的社会效益和经济效益（图3.65）。

薰衣草产业化种植　　　　　　　　　　　　金银花与廊架

图 3.65　观赏性与经济效益的结合

3.3 园林亮化工程

3.3.1 定义、分类和要求

园林亮化工程又称为景观照明工程，是指既有照明功能，又兼有艺术装饰和美化环境功能的户外照明工程。按照针对的对象不同，景观照明工程一般可分为道路景观照明工程、园林广场景观照明工程、建筑景观照明工程三类。

园林亮化工程施工要根据设计图纸安排专业人员进行施工，根据照明对象、功能和照明要求合理选择照明方式、光源和灯具，并合理布置灯具。"安全、适用、经济、美观"是园林亮化施工的基本原则。

3.3.2 灯具的选择

应根据使用环境、场地用途、光强分布、外形景观要求、限制眩光等方面进行选择。

1）照明功能性

①外观应舒适并符合使用要求与设计意图。

②艺术性强，有助于丰富空间的层次和立体感，形成的阴影面，明暗要有分寸。

③应与环境和气氛相协调。用光及影来衬托自然的美，创造一定的场面气氛，分隔与塑造空间（图3.66）。

图 3.66　光、影衬托自然的美

④应保证安全。灯具线路、开关乃至灯杆设置都要采取安全措施，以防漏电和雷击，并对大风、雨水、气温变化有一定抵抗力，坚固耐用，取换方便，稳定性高。

2）环境适应性

为园林中不同的环境确定照明光源，要根据照明的要求和不同光源的照明特点做出选择。可参考以下要求：

①对园林内重点区域或对颜色辨别要求较高、光线条件要求较好的场所，应考虑采用光效较高和显色指数较高的光源，如氙灯、卤钨灯和日光色荧光灯等。对非主要的园林附属建筑和边缘区域的园路等，可考虑选用普通荧光灯或白炽灯。

②需及时点亮、经常调光和频繁开关灯的场所，或因频闪效应影响视觉效果以及需要防止电磁干扰的场所，宜采用白炽灯和卤钨灯。

③对于城市中心广场、车站广场、立交桥广场、景观广场和园林出入口场地等，有高挂条件并需大面积照明的场所，宜采用氙灯或金属卤化物灯。

④选用荧光高压汞灯或高压钠灯，可在振动较大的场所获得良好而稳定的照明效果。

⑤当采用一种光源不能满足园林环境显色要求时，可考虑采用两种或多种光源做混光照明，改善显色效果。

⑥在选择光源的同时，还应结合考虑灯具的选用，灯具的艺术造型、配光特色、安装特点和安全特点等都要符合允分发挥光源效能的要求。

3.3.3 灯具的分类

1）道路灯

道路灯是在道路上设置，在夜间给车辆和行人提供必要能见度的照明设施，分为功能性道路灯和装饰性道路灯。

功能性道路灯配光良好，灯具发射的光能均匀投射在道路上，可在最大光强上方予以配光控制来避免眩光。按照道路断面形式及宽度、车辆和行人的情况，道路灯可采用在道路两侧对称布置、两侧交错布置、一侧布置和路中央悬挂布置等形式。通常，宽度超过 20 m 的道路、迎宾道路，可考虑两侧对称布置；道路宽度超过 15 m 的，可考虑两侧交错布置；较窄的道路可用一侧布置（图 3.67）。

图 3.67　路灯的照度和亮度必须满足行人、车辆及城市亮化景观要求

装饰性道路灯安装在主要建筑物前与重要路段，灯具造型讲究，以造型和光色的效果来美化环境。

2）广场照明灯

广场照明灯是大功率投光类灯具，有镜面抛光的反光罩，照射面大，灯具采用全封闭结构，玻璃与壳体间有橡胶密封，绝缘性好。灯具还装有转动装置，能调节灯具照射方向（图3.68）。可以分以下几种：

①旋转对称反射面广场照明灯具：采用旋转对称反射器，照射出去的光斑为圆形。造型简单、造价低，缺点是斜照时照度不均匀。

②竖面反射面广场照明灯具：装有竖面反射器，反射器经抛光处理，反射效率高，能准确将光均匀地投射到需要照射的区域。

③ 强力空中探照灯：由大功率模块、大功率氙灯光源、铝合金灯体、强排风风机等构件组成，即开即亮，光束直入云层，数千米外可见。可用于城市建筑、旅游景点等营造灯光夜景。

图3.68　广场亮化

3）庭院灯

庭院灯用在庭院、公园、广场与大型建筑物的周围，既是照明器材，又具有一定的景观效果，通常构成景观场地照明系统的骨架。灯具功率不大，让人感觉静谧舒适；造型百变，多用现代风格、欧式风格、中式风格。庭院灯选择要与周围建筑物和谐一致，高度适中，为活动人群提供一定的水平照度和竖直照度（图 3.69）。

图 3.69 庭院灯

4）草坪灯

草坪灯是用于草坪周边的照明设施。草坪灯高度一般不超过 1m，出光方式多为侧向出光，使用 36W 或 70W 金属卤化材料灯，适合间距为 6～10 m。草坪灯为步行空间提供较低的水平照度和垂直照度，美观实用，一般需与该场地的庭院灯搭配使用、风格协调（图 3.70）。

图 3.70 草坪灯

5）地灯

地灯又称地埋灯或藏地灯，是镶嵌在地面上的照明设施。地灯对地面、地上植被等进行照明，能使景观更美丽，行人通过更安全。多用 LED 节能光源，表面为不锈钢抛光或铝合金面板，有优质的防水接头、硅胶密封圈、钢化玻璃，可防水、防尘、防漏电且耐腐蚀（图 3.71）。另外，在人流量大的区域，应格外注意选择发热量低的地灯，以防行人烫伤。为了确保排水通畅，安装地灯时可在下部垫碎石。

图 3.71　地灯

6）墙头灯

墙头灯是设置在墙头上的照明设施，需要与墙的形态、颜色和墙内外的景观相协调，特别是非实体的栅栏墙体，由于内外景致通透，更需注意墙头灯的造型与亮度。墙头灯常用于公园、办公建筑、小区、别墅等的围墙、门垛或台阶墙（图 3.72）。

图 3.72　墙头灯

7）壁灯

壁灯安装在墙壁上或台阶、坐凳侧面，对附近景观进行照明。壁灯分为两种：嵌入式的和非嵌入式。其中，嵌入式壁灯特别适用于走道、台阶及一些现代风格的墙体照明；非嵌入式常用于亭、廊、架，以及住宅门廊、院墙等的照明（图 3.73）。

图 3.73　壁灯

8）水下灯

水下灯指具有防水措施，安装在水下，对水体进行装饰性照明的灯具，主要有水下灯带、水下射灯等（图 3.74）。

图 3.74　水下灯

9）射灯

射灯是定向射出光束，以照射主要景观物、景观小品、大树和景观建筑的灯具。因光束亮度较高，应注意避免投向行人，或布置过多，造成光污染。投射高度及光色应适宜，充分体现被照射对象的景观效果（图3.75）。

图 3.75 射灯及照树效果

10）灯带

灯带一般固定在建筑、构筑物的轮廓或主体上，起到对建筑、构筑物夜景进行勾边美化的效果（图3.76）。

图 3.76 灯带突出轮廓

3.3.4 灯具施工安装要求

1）电线管、钢管敷设

①设计施工应按照电线管、钢管敷设的施工工艺标准进行，要严把电线管、钢管进货关，接线盒、灯头盒、开关盒等均要有产品合格证。

②预埋管要与土建施工密切配合，首先满足水管管网布置需求，其次安排电气配管位置。

③室外配电线路应采用电缆穿 HDPE 管埋地敷设，管线埋深 0.7 m，穿越水系时埋深不小于 0.5 m，穿越机动车道时穿钢管敷设。庭院灯线路遇分支时应在庭院灯旁设过路井，所有线路分支处应采取可靠的防水措施。

2）穿线

①电线的规格型号必须符合设计要求，并有出厂合格证，到货后必须检查重量是否符合要求。

②穿线时应注意同一交流回路的导线必须穿于同一管内，不同回路、不同电压、交流与直流的导线，不得穿入同一管内。

3）灯具安装

①灯具平面布置图深化设计时，需与植物配置图合图。

②灯具应按设计要求采用，所有灯具应有产品合格证。

③灯具在路口或建筑两侧的，应对称设置。草坪灯点位应与园路或地被线平行设置，间距尽量统一（图 3.77）。

图 3.77　路口设置满足行人需要

④应根据安装场所检查灯具是否符合要求，检查灯内配线是否完好。灯具安装必须牢固，位置正确，整齐美观，接线正确无误（图3.78、图3.79）。

图 3.78　路灯基础制作浇筑

图 3.79　路灯吊装与穿线

⑤灯具安装时需注意灯头方向统一，应保证垂直无倾斜；灯具基座标高应与地面高度相同，基础不得外露，不得深埋（图3.80）。

图 3.80　灯具基础深埋和外露

⑥露出灯头：草坪灯位于灌木丛中的，需注意灌木的高度应低于灯头位置，以免影响灯具功能（图3.81）。

灌木过高，影响景观灯照明   灌木与景观灯搭配协调

图3.81 注意灌木高度

⑦螺栓固定灯具的，需加螺帽并做好防锈、防腐措施（图3.82）。

图3.82 螺栓裸露，未做好防锈防腐措施

⑧灯具安装需保证基础与灯具本身的牢固度，安装完成后逐个做摇晃试验。

⑨安装完毕，摇测各条支路的绝缘电阻合格后，方允许通电运行。若发现问题，必须先断电，然后查找原因进行修复。

4）接地保护与安全措施

①接地保护应采用TT方式，在室外照明箱周围设置闭合环状人工接地装置，接地极采用热镀锌角钢，连接线采用热镀锌扁钢，接地极间距5 m、埋深0.8 m，接地电阻不大于10Ω。

②系统内所有灯具接地端子均应经 PE 线可靠连通后与照明箱 PE 母排连接并接地。

③为防雷击过电压，在室外照明箱内均应设置一级电涌保护器。

5）施工注意事项

①每套路灯应在相线上装设熔断器。由架空线引入路灯的导线，在灯具入口处应做防水弯。

②灯具的接线盒或熔断器盒，其盒盖的防水密封垫应完整。

③金属结构支托架及立柱、灯具均应做可靠保护接地线，连接牢固可靠。接地点应有标识。

④灯具供电线路上的通、断电自控装置动作应正确，每套灯具熔断器盒内熔丝应齐全，规格与灯具适配。

⑤装在架空线路电杆上的路灯，应固定可靠，紧固件齐全、拧紧，灯位正确。

3.3.5 电箱

①隐蔽：机电深化设计时，需根据景观平面图确定电箱位置，使其尽量隐藏并方便检修。

②基础处理：电箱基础不得外露（图 3.83）。

③设置便道：电箱位于绿化带中的，必须设置便道，以防踩踏绿地。

图 3.83　电箱基础不得外露

后　记

在全面实现小康社会、建设生态文明城市、创建城市公园建设的步伐中，园林绿化成为人居环境营造和城市基础设施建设的重要工作内容。针对园林绿化专业的特点，本书通过实践中的案例，力求图文并茂地诠释施工过程中的工程质量管控方法。

本书在编写过程中得到了有关领导和相关专业人士的帮助和指导，在此深表感谢！当然，书中定有不少疏漏和不足之处，还需不断改进完善，恳请读者提出宝贵意见，以便在再版时进一步修改和充实。

编者

2019 年 6 月